U0920484

比起努力，我们更需要自控力

羊达令 | 著

图书在版编目（CIP）数据

比起努力，我们更需要自控力 / 羊达令著 . -- 南京：江苏凤凰文艺出版社，2019.4

ISBN 978-7-5594-3419-7

Ⅰ . ①比… Ⅱ . ①羊… Ⅲ . 自我控制 - 通俗读物 Ⅳ . ① B842.6-49

中国版本图书馆 CIP数据核字（2019）第 040228号

书　　名	比起努力，我们更需要自控力
著　　者	羊达令
策划编辑	李　根
责任编辑	王昕宁
出版发行	江苏凤凰文艺出版社
出版社地址	南京市中央路 165号，邮编：210009
出版社网址	http://www.jswenyi.com
印　　刷	北京市昌平新兴胶印厂
开　　本	880 × 1230毫米　1/32
印　　张	10
字　　数	200千字
版　　次	2019年 4月第 1版　2019年 4月第 1次印刷
标准书号	ISBN 978-7-5594-3419-7
定　　价	39.80元

自　序

当我们不经意间翻开日历本，才发现，厚厚的一沓日历纸已经仅剩下不足一半。惊觉时针走过的那些日子，该做的许多事竟然还没做。

你或许和我一样，有过某一阶段的迷茫和不知所措，看着别人的熠熠光芒，却不知道自己的未来在何方。

你或许和我一样，在为了某一项人生的目标努力着，夜以继日地制订计划，忙碌的身影总是出现在应该出现的地方。

你或许和我一样，为了生活去忙碌，为了家人在奋斗，为了让那些逝去的分秒没有遗憾而奋力挣扎。

等我们走过了这段人生的必经之路后，我们会感慨，理想总是与现实隔着十万八千里，仿佛有些事情是我们怎么努力也无法触及的天花板。

一年级时，我进入了一所在我们当地很有名的学校，而我又幸运地被父亲送到了这所学校最好的一个班级，学习手风琴。6 岁的我压根不知道什么是手风琴，什么是五线谱，稀里糊涂地开始了学习。

第一天放学后，其他班的小朋友都背着书包准备回家了，我们却被老师留了下来。几个老师不知道从哪里搬来了一堆琴，告诉我们：“从今天起，你们就是手风琴班的学生了。”

那时候的我并不知道，未来的 6 年我都将与手风琴结伴。

练习很枯燥也很乏味，重复的黑白键是我每天练习最多的东西。从识谱到完整地弹奏出一首曲子，往往要花去半个月的时间。蝌蚪一样的音符在我的童年世界里跳跃着，我不曾知道何为努力，何为坚持，我只知道想要弹得好，必须每天练习，缺一日不可。

长大后我才明白，每一首曲子的完美呈现需要两种成分的天然组合，一种叫作努力，一种叫作自我意志力。

我最喜欢弹唱的一首歌叫《生命是场马拉松》，其中有这么一段歌词：

我想要个起点
浓浓的黑夜
闷头穿过世界

生命这场马拉松，有些人可以跑向终点，有些人却停在了中途。或许，努力奔跑是抵达目的地的前提，但我们除了努力，还需要自我和外界的鼓励。

每一个起跑者都是勇者，在无数荆棘丛生的阻碍前依旧坚持。每一次奔向终点，都是另一次挑战的起点。我们都在为自己努力，为自己奔跑。

这本书是我的成长历程，和你们一样，在奔跑的过程中我迷失过方向，羡慕过领跑者，也曾经想要中途放弃。但好在，我渐渐在跌跌撞撞中找到了一些方向，在彷徨失措中自省了内心，经历挣扎痛苦后我依然选择继续奔跑。

这本书记录着我，也记录着打开书的你。我们都一样，在看不见阳光的地方砥砺前行，终有一天会在灿烂星空下收获成长的喜悦。

人生这场马拉松，每一个终点都是新的起点，比起努力，我们更需要跑下去的意志力。加油吧，祝福步履不停的你可以仰望璀璨星空，俯瞰广袤大地。

目　录

Part 1　坚持5:30起床后，给我带来的蜕变

Part 2　比起努力，我们更需要自控力

Part 3　收起你的玻璃心，谁的职场都不易

Part 4　熬夜的背后，是我们无处安放的灵魂

Part 5　有多少人的大学，过着颓废的日子

Part 6 没有适合结婚的年龄，只有适合结婚的感情

Part 1
坚持5:30起床后，给我带来的蜕变

无论你现在是何种身份，大学生、工作者或是拥有家庭的已婚者，想改变，什么时候都不晚。与其在羡慕别人的人生中度过一生，不如从今天起，做些尝试。“想做”和“去做”仅仅一字之差，却会带来截然不同的结果。

坚持5:30起床后，给我带来的蜕变

前不久，和几位上学时的小伙伴聊天，话题转到了我们现在的生活上。

许久未联系的我们，说着每个人的近况。

小陈在家乡考上了事业编，每天朝九晚五，上班忙碌，下班觉得很累，看着别人每天生活充实，自己也想学习，但总是没时间、没精力。

小刘现在是两个孩子的妈妈，除了上班，几乎所有的时间都花费在两个孩子的身上，晚上从父母那里接回孩子，准备晚餐、哄孩子睡觉，折腾完已是晚上十点多，早已没了精力去做自己的事情。

她说："最盼望周末，孩子可以去爷爷奶奶那儿，我能多睡会儿，学习什么的我早就放弃了，有了孩子，哪有时间为自己活呢？"

他们很羡慕我的生活，每天如此规律，不睡懒觉，也没有生活压力，可以做自己喜欢的事情。

其实，我并没有达到值得他们羡慕的程度，我只知道，如今的自己，在一点一滴地蜕变着，这其中包含了早起。

坚持半年，每天五点半起床，我得到了蜕变。

01

我和很多人一样，有过一段很颓很丧的时期。那时候，我刚刚考上专升本，带着考上本科的光芒来到本科的学校，生活轻松无比，再也没有了备考时期的压力和做不完的试卷习题。

我的生活如同开了闸门的水，自由放任。

每天睡到自然醒的我，揉揉眼睛，艰难地从床上爬起来。一看手机，已经10：30了，洗漱完毕后，拖着有些疲惫的身子去食堂吃个早饭，再和室友聊聊天。

下午的时光便是一场午觉，一直持续到傍晚。晚上就抱着电脑看综艺节目。

没错，这就是我的本科生活，从来不知道看书是什么感觉，更不知道什么是自律。

那时候的我，上课开小差，下课追韩剧，把日子过成了退休的模样。

临近考试时，我开始紧张。课本是新的，画了重点，开始夜以继日地背起书来。英语六级考试前的一周，每天早起背单词，刷题目，晚上做真题，结果仍旧惨败。

我甚至放弃了考研，也忘记了当初报考专升本的初衷。

最可怕的是，日子久了，我渐渐地习惯了这种生活，周围的同学都是这样，颓废又有何妨？

我懂得这些道理，却依然浑浑噩噩地度日。

就像很多读者曾问我的问题："我想学习，但我没有时间"，"我想写文，但室友太吵，总影响我的思路"。

我们都一样，懂得很多的道理，却永远停留在原地。

想法只有在行动中才会变得有意义，不然只是自己感动了自己。

02

直到去年夏天，一次偶然的机会，我加入了怀左同学的读书群，70 多名小伙伴每天互道早安，周末分享读书体会。

在交流中，我才得知怀左的故事。

他的成绩并非偶然，而是无数个努力的日夜堆砌而成。他很多年坚持早起，利用早上的时间锻炼身体，看书学习。

我开始转变观念，我开始反思自己的生活：现在的生活状态是我想要的吗？

答案是否定的。

于是我试着改变自己的生活状态，也学会了如何充分利用时间让自己收获更多。

由于工作的关系，我选择在早上读书，从去年 7 月起，我开始由每天 6：30 起床改为 5：30。

利用一个小时的时间去读书，从 7 月到 8 月，我每周读一本书，做了三次读书分享。不读书的时间，我喜欢站在阳台上听听音乐，做做拉伸运动。

白天正常工作，晚上回家写文、看电影。

本以为早起会让我精神萎靡、疲惫不堪，但坚持下来我才发现，早睡早起会让我一整天精力充沛。合理的生物钟不仅让我拥有了更多的学习时间，更重要的是帮我戒掉了熬夜的恶习，我的皮肤也变好了。

假如我们每天比别人早起两个小时。这两个小时，我们可以完成一篇两千字的文章编写；可以读完一百页的书籍并做好笔记；可以为自己做一顿可口的早餐，做一个小时的运动。

现在的我，依旧每天保持在 5：30 起床，天气寒冷时便坐在床上背单词，之后起床洗漱，开始一天的工作和生活。

有些改变，是从我们每一天的行动中开始的。早起也许不会为我们带来多少实际的收益，但它足以在潜移默化中改变我们的生活。

03

习惯了早起，也使得我养成了良好的时间管理能力。

早起的习惯坚持半年有余，在这半年的时间，我阅读了 40 本书，写了两本读书笔记。

由于早起读书，晚上我拥有了更多的时间做自己的事情，不写文的晚上，我喜欢画画、看电影，看完了豆瓣评分 8.0 以上的电影 60 部，画完了两本插画集。

今年，我开始学习记录手账，充分利用时间管理，将自己的计划记录在手账中。

有些事，不是我们没有时间，而是我们太懒惰，总是想得很多，做得很少。

我在一个英语学习群中，认识了一位宝妈。她是一个 7 岁孩子的母亲，和很多人一样，她一周工作 5 天，每天还要照顾孩子和料理家务。

但她却活成了很多人羡慕的样子。

孩子 7：00 起床，她开始给孩子做早餐，开车送孩子上学，白天正常工作，晚上回到家和老公一起煮饭，辅导孩子功课，直到晚上 10：00 孩子睡觉。

这是她一天的“工作”，很多人会问，她是如何活成了别人羡慕的样子呢？

她每天比孩子提前一个小时起床，保证每天清晨阅读 40 分钟，晨练 20 分钟，中午利用在单位午休的时间学习英语，晚上等孩子睡觉后，再花两个小时备考在职研究生。

很多人会问，她怎么可能做到，不会觉得太累吗?

这位宝妈说："起初会觉得累，但现在不会。每个人都有想做的事情，只有自己真正下定决心，才会找到各种碎片时间去完成它，除非你只是想想而已。"

是的，我们每个人都有自己想做的事情。

新年立下一堆 Flag：考过英语四、六级，一年读 100 本书，早起锻炼，减肥成功……

但很多时候，我们一边喊出豪言壮语，却又一边怨天尤人：学习那么累，玩会儿游戏再看书吧；天这么冷，等冬天过去再早起锻炼吧；还有几个月才考英语四、六级呢，先把这几部电视剧追完再准备吧。

我们总是习惯性地为自己寻找各种理由，但我们都骗不了自己，那些只不过是我们懒惰的托词。真正让我们迷茫、让我们羡慕别人的原因，是我们自己永远待在原地，看着别人努力罢了。

无论你现在是何种身份，大学生、工作者或是拥有家庭的已婚者，想改变，什么时候都不晚，与其在羡慕别人的人生中度过一生，不如从今天起，做些尝试。"想做"和"去做"仅仅一字之差，却会带来截然不同的结果。

正如卢思浩在书中写过的一句话："很多事情就像是旅行一样，当你决定要出发的时候，最困难的那部分其实就已经完成了。"

从现在起，做一个令自己刮目相看的人吧，不用羡慕别人，也无须遗憾自己。

这条路很长，我会一直在路上与你们并肩前行。

好生活离不开仪式感

很多人质疑仪式感是一种虚伪的存在，他们认为真正的生活是平日的点点滴滴。“仪式”无非是为那些寻找存在感的人准备的，大多数人不需要。

盲目追求仪式既浪费了时间，也花费了精力和金钱。

情人节的一束花很贵，有人觉得何必要在那个节日表达爱；有人喜欢给自己的房间布置得有格调；有人觉得每天只是在里面睡个觉而已，何必这么烦琐；谈恋爱的时候，女朋友每天晚上要说晚安，不说就是不爱，有人觉得何必那么较真。

仪式感的存在真的是这般复杂矫情吗？我们时常在思考，怎样的生活才是好的生活？有人会说，是身体健康、衣食无忧；有人会说，是心想事成、爱人常伴；还有人会说，是心情舒爽、享受生活。

好的生活在每个人的心中都会有不同的定义，但在我看来，好的生活除了以上这些，还有一样东西十分重要，那就是必要的仪式感。

01

仪式感可以让我们感到快乐。

因为下周外出的原因，赶不上给老妈过生日，于是选择为她提前过一个小生日，规模不大，形式简单。

我早早地起床，在家门口的蛋糕店给妈妈买了一个小蛋糕，蛋糕由各色的水果和奶油组成，很是漂亮。回到家，妈妈看见我手里拿了一个蛋糕，她接了过去，但嘴里却念叨着："买什么蛋糕啊，过个生日而已，又不是什么大寿。"

她一边说着，却一边感兴趣地问我这是什么蛋糕，有没有水果。可爱的老妈总是口是心非。其实，她心里是希望在生日这天有人为她庆祝的，有可口的生日蛋糕，可以许下未来一整年的心愿。

这次生日妈妈显得格外开心，还拿起手机拍了蛋糕的照片。这种仪式感，使得她获得了快乐。仪式感能让我们产生愉悦的心情，原因其实很简单：因为我们都需要在某些特别的时刻为自己证明一些个人存在的意义，比如生日，比如结婚纪念日。

在这些特别的日子里，仪式可以让我们觉得自身被重视：还有人关心我，还有人记得我。即便我们常说，真正的关心是在平日点点滴滴的生活里的，但在这样特别的日子里，我们仍旧需要一些仪式，不为表达什么，只是我们需要这样的过程让我们获得多一份的喜悦。好比运动员需要颁奖仪式，国王需要加冕环节。

简单的仪式感会让我们的生活更加有乐趣，不是吗？

02

仪式感让我们更愿意善待生活。

我家楼下有一对卖小吃的夫妇，除了恶劣天气，他们几乎每天都会开门营业，春夏秋冬，无一例外。他们的门店很小，是一间十几平方米的小店，那不算宽敞的门脸里，却有着与其他商铺截然不同的布景。

他们做面食的桌子上总是放着一些绿植，还未进店便能闻到花香。小店的桌椅全是木质的，上面还有些细小的雕花和装饰，墙上是老板的女儿手绘的一些卡通画，谈不上惊艳，但却十分精美。每一幅画都被装裱起来，高低不齐地排列在墙上。

除了布景装潢，就连老板和老板娘个人也很讲究。他们穿的碎花和方格的围裙是老板娘亲手制作的，手边放着自己泡的菊花茶。来往的食客经常会问老板，你们一家卖面食的小店为什么要布置得这么好看，房租那么高，利润又不大，别家的小店都脏兮兮的，你家如此“另类”。

每当有人这样问时，老板都会不急不慢地说：“这样布置环境好，你们待着舒服，我做得也开心。”店是租来的，但生意是自己的。这些在很多人看来无关紧要的仪式感，却成为了这家店的特色，口口相传之后，生意越做越好。

这样的仪式感让我们明白，一件普通的小事也可以变得不简单、不平凡。

我们会更加愿意去发现生活的美好，愿意去将看似复杂多余的事情重新理解。那并不仅仅是一种仪式，而是一种我们善待自己享受生活的态度。

03

仪式感让我们重新定义自己的价值。

我有一些小嗜好，但在一些人看来是不太合乎生活常理的表现。

比如，我喜欢做东西吃，食材很简单，烹饪方式也很普通，但我会在做完之后，摆在很好看的盘子上，铺上我喜欢的背景布。我很喜欢这种方式，它会令我吃饭时的心情很愉悦。比如，我坚持早起，不看书的早上我喜欢运动，简单地舒展肢体，窗台上的音响放着我喜欢的音乐，有时会敷上一张面膜。又比如我喜欢吃水果，但并不是简单地洗净直接食用，而是会切成我喜欢的样子，放在特意为盛水果买的盘子里，插上好看的水果签，坐在阳台上慢慢吃。

这就是我的生活仪式感，有些“小讲究”，有些“小在乎”，它们组成了我丰富多彩的日常生活，我享受着这些仪式带给我的充盈感。我并不认为这些仪式是多余的，是矫情的。相反，这些仪式是我不断发现自己价值的方式。

原来，我可以将普通的美食做出不一样的效果，即便味道相似，但视觉很享受。我也可以将平淡无味的日子过得津津有味。

我更加自信，也更愿意创造生活里的“小确幸”。所有的仪式感都是重复生活中的点滴记录，它本就是一种很酷的生活态度，或许我们都需要它。

平凡的人生是常态，但我们总能在这其中找到那些闪着光的东西。生活中有太多的荆棘，而仪式感犹如一把宝剑，铲除我们生活里的不愉快、不舒心，它能够在我们普通的生活中，创造出不一样的色彩。

我们可以度过无趣的日子，也可以享受美好的生活，仪式感让我们更加快乐，更加有方向。请在前行时放下将就，放下无所谓，真正地热爱自己，也热爱所有的美好存在。

你总是一边喊着努力，一边待在原地

01

网络上流行这样一句话："你一定要努力，但千万别着急。"

二十几岁的我们可能没房没车、没权也没钱，但这不是你一个人的孤军奋战，而是一群人的并肩前行，因为我们都曾一无所有。一无所有又怎样？最怕的是你懂得了很多道理，却仍在原地徘徊，依旧过不好这一生。

经常听身边的男生朋友表达这样一个观点："唉，我们这代 90 后，眼看着就要奔三了。到现在，女朋友没有，房子刚付完首付，每个月那点工资还了房贷，根本存不下钱。"这样的话听得多了，不难明白一个道理：二十几岁的我们，不是年纪大了，而是心态老了。

最怕的不是你没有理想，而是你不愿前行，总是一边说着努力，却一边待在原地。

几年前，我在一个求职节目中看过这样一段求职经历。

面试者是在一所普通二本学校学习行政管理专业的女生。面试环节中，面试官对她进行了专业测评，测评内容为：假如今天有一批客户来公司开会，让你负责对他们的接待，请简单列举出你需要准备的步骤。

女生想了想，说了这样一句话："我没遇到过这样的事情，如果遇到了，我会去找我的行政经理帮忙，作为新人，我没经验。"

面试官皱了皱眉头，显然有些不满意。他对面试女生进行了讲评："姑娘，你今天是来求职的，还是来找老师的？这个题目应该很简单，你面试的岗位与你所学专业对应。你不仅没有做到思路清晰，而且对于要面试的岗位也做没有任何准备，公司里没有人有义务去教你，如果你自己不努力，谁会在乎你？"

姑娘听着，眼泪就在眼眶里打转。很显然，姑娘很委屈，她觉得自己是个还未毕业的大四学生，为什么这么为难自己。

没错，或许你仍是未出象牙塔的学生党，但当你走向职场的那一刻，你便要意识到，你不再是个宝宝，你是个职场人。

"努力"，这个被我们已经说烂的词语，有时候显得很空洞。人人都在高喊着努力，人人也都知道努力的意义，但有多少人能够做到，答案显而易见。

二十几岁还一无所有的你，不必害怕来不及。学习一门新的语言，掌握一门新的知识，开启一扇新职业的大门，什么时候都不算晚。但如果自己不愿意，那便永远停留在纸上谈兵。

02

我身边的一个朋友，原本打算毕业后在上海工作，但迫于家里的安排，在毕业那年，考取了家乡的公务员。

有一次，我和他聊天，聊到了现在的生活。他很羡慕地对我说："现在的你真好，工作之余，有自己喜欢的事情做，每天都在进步。

看看我，早就颓废得不行了，明明知道还有梦想，但就是不想改变现状，我讨厌现在的生活，但也习惯了这样安逸的状态，挺无奈的。”

和他聊完天，我便想起了我另一位朋友，这位朋友在一家民企做会计。毕业时，她只有会计从业证，但她却利用业余时间考了初级会计职称，现在正在备考注册会计师。

每天下了班，她就匆匆赶去辅导班，习题做了一沓又一沓。在单位里尽职尽责，在生活里努力追梦，这样的姑娘着实美丽。周围的人都觉得她很拼，他们认为：既然工作稳定，女孩子又何必让自己过得这么累呢?

姑娘却说：“我才二十几岁，有能力，有想法，没有时间可以抽时间，没有机会可以创造机会。哪有那么多理由，不是不能做，而是不想做。”

姑娘的这句话让我醍醐灌顶。

二十几岁的我们，就算现在一无所有又如何，不怕你没有梦想，只怕你甘于现状。

03

你二十几岁，当你看到别人成功时，你总是说，他们都有个好爸爸，有钱有能力，含着金钥匙出生，什么也不怕。

你二十几岁，当你看到别人奋力打拼时，你羡慕，你嫉妒，你恨自己为什么没有那样的魄力。

你二十几岁，便觉得自己已经老了，看不进去书，刷不了题，你总说现在的自己已经大不如从前了。

有一种人，年轻的时候将自己的一无所有归结于出身不好，天资不足；年老的时候，感叹记忆衰退，日落西山。这样的人，一生也不可能成功。因为他们的一生都在抱怨，都在为自己的懒惰与矫情寻找借口。那句“我不行”成了逃避最好的理由。

我的一位朋友面临再就业的问题，最近一段时间，他心情很烦躁。他找到我，向我倾诉道：“我现在真不知道怎么办了，想跨行，但没经验，想去好公司，但没学历，离开了这家公司，我连住的地方都没有。还是你好，至少有学历有梦想，关键是你有父母做后盾。”

我听完这番话，不知道怎么安慰他。

没学历、没经验、没依靠成了他逃避的理由。

但他却忘了，他从未想过报一个函授班去提升自己的学历；从未想过在工作之余学习一门技术，为跳槽做准备；他从未好好孝顺过父母，却想着依靠他们成就自己。他总是一边抱怨，一边停滞不前。

岁月悠长，变化的是容貌；

生命漫漫，最美的是路上。

你待在起点，看着远方的美景，想象着自己身临其境的画面，羡慕着那些真的身处美景中的人。但你却一直待在那里，带着羡慕和嫉妒，过完这一生。

真正的可悲不是年龄见长，而是你心已亡梦已碎，早早地对生活缴了械投了降。

不要在本该拼尽全力的年纪，活得太安逸

01

我打开 QQ 的留言板，发现了一条半年前的留言，是一个大学时期的朋友写的。

他在留言里说，看到你最近一直在写文章、画画，日子过得很充实，我现在的生活一直很疲倦，也很迷茫。看到留言时，我给他回了条信息，10 分钟后，他的 QQ 头像亮起来。

我问他："最近怎么样，我也是刚刚看到留言。"

朋友和我说了他的事情："给你留言的时候，我还在老家工作。大学毕业后，家里人给我安排了一份工作，工资不高，但很稳定，有双休日有公积金。原本我以为这样的生活也不错，比起同龄人，我不需要费力打拼，家里也为我买了房子。但一年前我发现，我和曾经的同学已经聊不到一起去了。

"我在小城市工作，渐渐地，我生活的圈子也小了，接触的人和事有了局限，我以为我所看到的便是全世界，但和朋友一聊天才知道自己的世界有多小。"

朋友给我发信息的时候，他已经辞去了家乡的工作，去了南京发

展。他的辞职遭到了全家人的反对：一份稳定的工作，我们托了多少关系才为你争取到，你就这样说辞就辞了。

朋友曾经也是为求安稳而选择在家乡就业，但这样的生活并非他想要的，他想为自己的未来努力一次，就算失败，也没有遗憾。

你的视线所及之处，也就是你思维所在之处。失败也是如此，多少次，我们因为害怕失败而选择拒绝尝试，在一次次的逃避中，我们也拒绝了一个更好的自己。

02

有时候，我们的失败不是败于客观环境，而是败于我们自己的选择和勇气。你选择过什么样的生活，你就要承受什么样的境遇。

有些人厌恶眼前的生活，极力想跳出现在的圈子，但他们却害怕改变，那么结果注定是要继续待在这里，过不喜欢的生活。有些人有努力的方向，但却迟迟下不定决心，没有为自己喜欢的事情付出行动，仅仅停滞于想想的阶段。

以前，我也是一个活得安逸的人。

中考那年，我放弃了考试，选择留在本校的直升班。因为我害怕，万一考不上重点高中怎么办，我带着这样的畏惧，放弃了一次突破的机会。

高考结束后，我放弃了复读，选择了专科就读，我害怕再来一年的重复学习，我害怕明年考得还不如今年，害怕在家人朋友面前丢面子。从小到大我都是这样，害怕这个，害怕那个，在一次又一次的害怕中错过了很多机会。

后悔吗？一定会，但后悔之后，该做的不是继续害怕下去，而是要有所改变。

从上大学起，我便告诉自己，不能再这样生活下去了，我需要做些尝试。我选择试试考专升本，哪怕在很多人眼中，这是个浪费时间又没用的选择，但我仍要坚持考，因为我知道，一味地害怕和畏首畏尾只会让我的未来更加迷茫。

越长大，越发现，很多人活得小心翼翼，如履薄冰。小时候的我们，会给喜欢的女生写个小纸条，哪怕是一句简单的“我喜欢你”，也是幸福的。自己喜欢的一切我们都会努力争取，也许要付出一些代价，但那份满足的喜悦，只有得到后才会拥有。

而现在，我们害怕尝试，害怕突破，也害怕失败。表白怕被拒绝，挑战怕失败，突破怕失去。

我们越来越胆小，活得越来越畏首畏尾，也越来越不像自己。

03

记得我尝试了人生中的第一次讲课，虽然只有几十个人听课，但对我来说是一次突破。在接到课程小编的邀请时，我有些惊讶，我既不是专业达人，又不是名人，为什么会找我来做微课分享。

刚开始，我拒绝了小编的邀请，因为我觉得自己能力欠佳，虽然是分享，但也要具有专业性和权威性，这些都是我不具备的能力，我怎么胜任？不过课程小编给了我极大的鼓励，她说我可以的，就像聊天一样，和大家说说话，不用太紧张。

聊完后，我反复地想了想，是啊，谁都不是天生的有经验者，谁也不是注定的有能力者，都是从第一次的锻炼开始，为自己创造未来的可能性。

我接受了邀请，开始准备课程，写了满满两张纸的课程内容，修改了 4 次，最后还向小编询问了细则。我就这样开始了人生中的第一次“教学”。

昨晚的分享持续了 65 分钟，我没有中断，也没有说错，我顺利地讲完了所有的内容，并和小伙伴们互动了一会儿。我收到了打赏，收到了私信和提问，大家叫我老师，但我知道，我并不是老师，只是一位分享者。

课程结束后，我走出书房，爸爸给了我一个拥抱，他在门外一直听我讲课，没有打扰。他对我说：“你很棒，也很勇敢。”这简单的一句话，让我有些动容，给别人讲课是我曾经不敢想象的事情，也想不到自己有一天会有这样的机会。

那一刻，我为自己鼓掌，无论结果怎样，我做到了，并且收获了许多的鼓励。

如果我拒绝了小编的邀请，可能我仍然徘徊在不敢尝试的阶段，谢谢这样的第一次，让我重新认识了自己，也让我更加喜欢现在的自己。从专升本到现在走上写作的道路，找到自己喜欢的方向，我一直在尝试，也一直在突破。

04

在微信群里，一个小伙伴问我，你觉得年轻好，还是年纪大好？

我当时回答年轻好，理由是，年轻代表着机会和挑战，代表着更多的可能性。但我现在想重新回答这个问题，无论什么年纪，都不要让自己活得小心翼翼、战战兢兢。

你的害怕和畏惧可以归结于你的不自信和能力欠缺，但更多的是，你不敢打破自己的舒适区，你害怕失败后的惶恐和从头再来。

最后，用席慕蓉在《小红门》中写过的一段话作为结尾：

“这个世界上有很多事情，你以为明天一定可以再继续做的；有很多人，你以为明天一定可以再见到面的，于是你暂时放下或暂时转过身。”

不要在该拼尽全力的年纪里，活得太㞞、太安逸，你今天的安逸，也是明天的葬礼。

你不过是披上了“我很努力”的华丽外衣

01

读大四时，我准备参加国家公务员考试，和我一起备考的还有两个小伙伴。

我们约定，暑假在家好好复习，开学一起泡图书馆，无论最后结果怎样，都要全力以赴。

整个暑假，我在房地产公司做了两个月的企划实习，每天利用中午和晚上的时间刷行测题库和申论题，开学后，我们如约而至，每天清晨一起去学校的自习室看书。但一个星期后，我发现一个问题，其中一个小伙伴每天都会抱着平板电脑去自习室。

一开始，我以为她把题目下载到平板电脑里，但后来才发现，原来她每天都在看韩剧。

有一天，另外一个小伙伴劝她说：“还有两个月就要考试了，还是好好看看书吧。”

她反驳道：“谁说我不看书的，刚刚不是看了吗？”

是啊，她的确看了，坐在那儿一个小时，看了 15 分钟的行测，看了半小时的韩国综艺，还有 15 分钟趴在桌上睡觉。最后离开自习室的时候，还不忘拍一张自己与行测的合影，发个朋友圈。

一张“奋发图强”的自拍下，配上了这样一句话：认真的我，连自己都吓一跳。

两个月后，她放弃了国考，原因很简单，她什么也没复习，模拟题没刷，知识点也没记。她很努力，努力地追韩剧，努力地看综艺，记住了节目里每一位韩国艺人的名字和星座，却始终没记住自己的目标是什么。

所有的奋发向上，不过是披上了“我很努力”的华丽外衣。

你看似很努力，只不过是在自我欺骗，看着朋友圈那张“很努力”的照片，收到朋友的钦佩与夸赞，虚假的满足感油然而生。

02

朋友中有一对小夫妻，他们结婚两年，十分恩爱，女生是幼儿园老师，男生是一名汽车销售员。

小夫妻结婚一年后，生下了他们的儿子。孩子的降生让这个小家平添了许多温暖，但随之而来的便是经济上的负担。双方父母在外地生活，照顾孩子的重任全部落在了女生身上，为此，女生让自己的母亲从老家过来照顾孩子，自己下了班再接替母亲。

男生平时工作不忙，只有赶上大型车展时才会加班。

有一次和他俩一起吃饭，女生趁男生上洗手间的空隙和我聊了聊。

“你不知道，我现在的日子过得很不舒心，每天都很累。家务和孩子都是我和我妈照顾，我还挣着一份工资。他呢，嘴上说着‘老婆辛苦，以后你就负责料理家事，我来负责赚钱养家。我一定努力工作，给你和宝宝好的生活’。可你知道吗？他口中的努力，就是每天下了班打游戏，工作上也不用心，每个月的业绩都是最后一名，在家里什么事都不做，什么事都不管，孩子哭了就让我去哄。再这样下去，我都不知道该怎么办了。”

5 分钟后，男生回来了。我故意问了他一些工作上的事情，因为我曾经做过汽车市场的执行策划，所以聊起来也顺理成章。

一提到工作，男生神采飞扬地说："现在我们的品牌口碑不错，我准备趁着销售旺季好好努力一把。我买了很多关于销售的书，现在下了班就看，想进步就要学习嘛。”

是的，进步需要学习，但不是装出来的学习。书柜上摆着一本又一本的书，你发了一个朋友圈：今年我要读 100 本书，看 200 部电影。

一年后，书上落了一层灰。

到了一个新的岗位，发誓要好好学习努力表现，争取早日转正。半年后，一起入职的人都顺利转正，而你却被劝退。

你每天上班逛淘宝，下班睡大觉。

你每天加班，赶着项目进程，朋友知道了都说你好拼。但项目结束后，你除了加班，什么都没获得。你的加班是一边统计数据，一边看着综艺，数据出错，效果减半。

很多人口中的努力，其实都只是一个借口。

这年头，好像不努力就不时髦。高举着努力的大旗，做着逍遥自在的事情。

03

我们时常会抱怨，我这么努力了，为什么还没有进步？为什么还是得不到我想要的结果？

扪心自问，你真的努力了吗？如果你觉得有些心虚，那是因为你仅仅是披上了一件“我很努力”的外衣。这件衣服遮住了你的懒惰、你的矫情、你的虚荣，脱去后，所谓的努力赤裸在外，禁不起风霜洗礼。

有位写作的朋友加了我微信，问了我这样一个问题：“我看你很高产，我也写作半年多了，写了十几万字，为什么没有太多粉丝？”

我问他：“你写作的目标是什么？”

他说为了名利双收。这个目标没问题，我又问他，那你平时看什么书呢？

他给了我一个让我不知道怎么回复的回答：“我不看书，多浪费时间，我喜欢看书评影评，几分钟一篇，一口气看很多篇，没事就看，有时候熬到一两点。我觉得我很用功啊，怎么就是没有效果呢？”

这样的努力不能被称为努力。

你以为看了别人的影评和书评，便如同看了这本书、这部电影，但其实，你不过是在吃别人吃剩下的东西，如果这样都可以成功的话，那成功岂不是太容易了？

试想一下，你在一件事上花费了时间，别人觉得你很上进，就能代表你努力了吗？真正努力的人，不会大张旗鼓地炫耀，也不会逢人必说。

努力并非是一种满足虚荣心的方式，而是脚踏实地地砥砺前进。

04

《用心生活》的作者兹维亚·古沃尔在书中写道：“当我们用心地生活时，我们的心扉是敞开的。”

用心工作的人，才会得到丰厚的报酬；用心对待友情的人，才会收获知己；用心对待爱情的人，才能收获幸福。这些都是敷衍度日的人不能体会的。在我们大肆提倡快餐成功学的时候，我们自身在时代的背景下却空有一副华丽的皮囊，究竟有多少真才实学，只有自己知道。

所有的进步或是所谓的成功都需要时间的沉淀，需要反复地思考，也需要一定的方法和技巧。但更多的时候，成功是需要脚踏实地、日积月累的。奋发向上不是聊天时对未来的无限畅想，也不是天花乱坠的不切实际，更不是虚伪不堪的假装努力。

你以为每天熬夜到一两点就能写出旷世奇作？以为每天加班就能升职加薪？以为坐在图书馆里抱着本书，就能满腹经纶？

静下心来想一想，你是否真的奋发向上？别骗了别人，也摧毁了自己。

失败并不丢脸，而是幸运

01

我们时常说一个词：成功。

写作小白如何在几个月内月入过万？二本院校的学生，如何考上名校研究生？草根人士如何成为时尚明星？

我们看过太多关于成功学的定义和方法论，仿佛人人都可以通过一些方法，取得所谓的“成功”或是“成就”。我们都知道，成功需要方向和努力，坚持和勇气。

但我们都忘记了一点，所谓的成功，还需要一项重要的东西做铺垫，那便是失败。无论是有成就的人，还是平凡普通的人，我们好像都无法正视失败这个话题，失败代表能力的匮乏。

不过在我看来，真正的失败不是结果的不如意，而是我们面对失败时无法接受挫败的自己，也无法接受别人比自己优秀的事实。

曾看过一期《最强大脑》，这一期的主基调是山之队的“背水一战”和水之队的“力压群雄”。但可惜的是，结局并非如此：山之队成了“王者归来”，而水之队成了“群雄惜败”。

对于水之队来说，4 位队员皆是 12 强中的强者，有着号称“全能浪子”的栾雨、“稳重机智”的徐萌，但即便是这样的强大队伍，依旧以 0 ： 2 败给了上一场输给云之队的王峰战队。

栾雨在心理压力之下，输掉了关键的第一局。并非其实力不足，而是面对同样出色的对手，栾雨很紧张，造成了不该出现的乌龙事件。本以为在第二局中仍旧作为第二棒的栾雨会调整心态，背水一战，而他却仅仅用了 3 分钟就完成了挑战。

当宣布任务失败时，栾雨低下头，他的解释是：“我之所以做得如此快，是因为想把成败的责任都放在我这里，不给队友增加负担。”

这样的解释让我对眼前的栾雨有些陌生，在我的印象中，他是一个极其乐观的选手，对他有这种印象，与他一路顺风顺水的比赛有关。在《最强大脑》的舞台上，他不曾有过失败，一路过关斩将。

面对如今的结局，他选择了“自残式”的方法结束比赛。

俞敏洪随后说了这样一番话：“不要看着眼前的压力，就自我放弃，这件事情是不能做的。像我们这些做企业的，无数次地面临着失败的境遇，但是你要真放弃了，就什么都没有了，但如果不放弃，有可能就有了。人生就是要从‘有可能就有了’的方向去设定心态，才能把事情做好。”

绝处逢生也许就是这个意思，真正的失败不是那个看似糟透的结局，而是你从心底承认自己是个再也站不起来的失败者。

02

去年，我的一位学弟如愿以偿地考上了研究生，在很多人羡慕眼光的背后，没有几个人知道，他是一位“二战选手”。

第一次的失败对他来说是个不小的打击，那时他整整备考了一年，租住在教师公寓里，忙着做毕业论文的同时还在马不停蹄地备考。没有空调，就买来两个风扇一起吹，没有伙伴，就自己独自应考，可惜的是，最后还是没能考上。

落榜那会儿，他和我聊过天。当时的他很沮丧，家人劝他找工作或是考编，大致就是告诉他：努力了这么久都没能考上，说明实力不足，接受现实吧。

学弟却对我说："学姐，我想再试一年。如果不行，我就放弃，但如果不试，我会后悔。"

我没想到，他会选择再拼搏一年。这可不是轻松的一年，压力更大，欲望更强。毕业后的学弟全身心地投入到第二年的备考中，那年暑假，我去学校看过他，一见面，我差点没认出他来。

从前瘦瘦的他变成了有腹肌的壮小伙，见到他时，他正在教室里看书，我安静地坐在一旁看自己的书，晚饭时，我们聊了很多。

那时我才知道，在新一轮的备考中，学弟为自己设定了几个目标：白天的时间用在看书上，晚上花两个小时健身，周末抽出半天时间放松娱乐。看着眼前的他，我很钦佩，一是因为他的勇气，二是因为他的蜕变。

不得不承认，接受失败并不容易，重新选择失败的路继续走下去，更不容易。接受所谓的失败不丢人，而是一种幸运。我们可以告别过去，重新出发。

03

这个社会很多时候是以成败论英雄的，赢了，便是成功者，输了，便是失败者。

但事实真的如此吗？

“宝剑锋从磨砺出”的意思是：只要打过硬仗的人，身上都会绽放出光芒，不仅胜利者如此，惜败者亦如此。而那些惜败的人在失败后依然不放弃，就是他们身上的光芒。这种光芒会在下一场硬仗中变得更具锋芒。

还记得BIGBANG组合的一首歌叫*loser*，其中有一段歌词翻译成中文是这样的：

因为一个问题让现在的一切变得糟糕

不知停止的我那危险的奔跑

如今已没有任何兴趣和趣味

我孤身一人处在悬崖边上

当我们孤身一人站在悬崖边时，其实眼前的路不仅只有跳下去这一条，还有回过头转身继续走。何为loser？是指无法直视自己的失败，无法接受自己的弱点，无法重新站起来的人。

比起失败本身，这才是真正的失败者，胆小而怯懦，自责而逃避。

面对失败，我们要做的不仅仅是原地打转，而是要总结教训，迎接下一场、再一场的挑战。英语四级没过又怎样，你真的好好背单词了吗？你认真做真题了吗？如果没有，那就从头开始，如果有，那就调整心态。

没有找到合适的工作又怎样？你具备匹配的能力和资格吗？你具备相应的经验和阅历吗？如果没有，就找准方向提升技能，如果具备，就潜心学习等待更好的时机。

能够坦然地接受自己的失败，向优秀者学习，用更好的自己去迎接每一次的挑战，这便是王者。也许生活中，有些失败是无法挽回的，甚至是无法面对的。但在我们可选的选项中，要努力做一个内心的强者，不畏风雨，也不惧失败。

正如鲁迅先生所说 :“什么是路？就是从没路的地方践踏出来的，从只有荆棘的地方开辟出来的。”

学会面对失败，也是一种成长。

走出迷茫，你可以试着做这几件事

写文久了，会收到很多读者的问题，尤其是年轻朋友找我聊天，其中最常提及的一个话题便是：我现在很迷茫，我应该怎么办？我不知道在学校应该怎么学习，毕业后该如何选择？我现在的工作一点也不喜欢，怎么做才能摆脱现状？看着同学都有了目标和方向，我还不知道自己喜欢什么，怎么办……

这些问题，可以归结为一点：我很迷茫，但我无法应对。

前不久，偶然在书店翻到了一本心仪已久的书，是青山七惠所著的《一个人的好天气》，看到这本书时，我正处于一段瓶颈期，生活乱成一团麻，工作不喜欢，但又不知道该如何选择。

书中的主角知寿，是个高中毕业的小姑娘，面对未来的迷茫和离异家庭带来的一系列问题，她厌倦无聊的生活，拒绝读书，不想步入社会。

一天的时间，我读完了这本书，它给了我一些启迪，让我明白了迷茫时该如何选择和应保有何种心态。

那便是：做好当下的事情，具备学习的能力，拥有打破现状的勇气。

01

当你无从选择时，先做好当下的事情。

很多人和我一样，不知道自己喜欢什么，擅长什么，连努力的方向都没有。

其实，很多人可能一辈子都不知道自己喜欢的、擅长的东西是什么。但这并不代表永远迷茫，永远不知道自己要做什么。

书中的知寿，在面临毕业后的选择时也不知道该何去何从。即便她抱着混日子的心态，但她一直有一个小目标，就是存一百万日元。这个小目标便使得她有了一个努力的方向，她选择在便利店工作，这份看起来不起眼的工作，却成为了她实现目标的途径。

在我刚刚参加工作的时候，那份实习工作除了专业对口，没有任何让我感兴趣的地方。

每天加班，忙到没时间吃午饭，经常举行车展，我要独自安装物料。我想逃离，也想辞职。在我考虑辞职的那段时期，有位同学和我聊天，说到了自己的情况。

专科毕业两年后，她做了会计，在校期间，她考取了会计初级证书，毕业后备战注册会计师考试，大家都以为她是因为喜欢这个职业，才会如此努力。

她告诉我："我并不喜欢会计，但我也不知道做什么，与其这样，不如就做好这份工作吧，生活总要继续，如果一辈子都找不到喜欢的事情，难道就不生活了吗？就这样混下去了吗？"

的确，当我们不知道自己的方向在哪儿时，那就努力做好眼前的事情吧。

当时的我即便换了工作，恐怕也仍旧不喜欢，所以我选择了坚持。一年的实习过后虽然我仍旧有些迷茫，但至少我学会了如何开展大型车展，我学会了怎样写文案，我知道了各种物料的名称和用途，我甚至学会了上脚手架。

与其焦虑自己的未来，不如把眼下的事情做好。

02

当你看不见未来时，你需要具备学习的能力，让自己拥有选择的余地。

之所以大多数的人会迷茫，是因为我们都有一个共性：没有选择的资本，不具备竞争的实力。

当今的时代，需要的更多是学习型人才，我们需要具备一项甚至更多的技能，这些技能不仅仅帮助我们走出迷茫，更是我们长久发展的工具。

越是优秀的人，他们越是具备学习的能力。

身边一位从事电商工作的同学，在业余时间，自学了手账和日语。手账培养了她的绘图能力和时间管理能力，日语打开了她看待世界的新大门，结识了更多的朋友。学会日语不仅为她的工作带来更多的资源，也在潜移默化地改变着她的生活。

当我们的才华配不上自己的理想时，当我们不具备与之平等对话的权利时，为了得到我们想要的，我们需要学习。

在学习的过程中，我们会慢慢改变自身的格局和眼界、看待事物的逻辑和方法，更重要的是，我们拥有了更多选择的机会和资本。

我们之所以迷茫，是因为我们没有选择的余地。

正如歌德所说的一句话："人不光是靠他生来就拥有一切，而是靠他从学习中所得到的一切来造就自己。"

03

我们之所以迷茫，是因为缺乏走下去的勇气和一些坚持。

青山七惠在写《一个人的好天气》这本书时，正值大学毕业，她害怕走进社会这个大熔炉，她看不到自己的未来。于是，她写下了这本书鼓励自己，也鼓励和她一样的年轻人。

走出迷茫最关键的一点，便是拥有勇气。

我们眼中只有乌云，便以为整片天空都是乌云，但当风吹散云朵的时候，阳光照进来我们才发现，原来，很多事情需要我们去坚持、去打破才能看到希望看到的景色。

刚上大学时，我也迷茫。专科的我该怎么办？我不想这样生活，也没有一技之长，但是我知道自己需要去改变些什么。我选择了自己并不擅长的会计系金融专业，即便不喜欢，但我仍旧考取了会计证和证券二级证书。

我选择了专升本。那一年很辛苦，但当拿到录取通知书的那一刻，我是开心的，也许这不是唯一的出路，但对当时的我来说却是最好的选择。如今，我辞职选择重新学习，学习那些我并不擅长，并且不知道能不能达到预期的事情。

我们有时候知道自己喜欢的是什么，但却少了一些做下去的勇气和坚持的理由。我们总觉得自己不会成功，也不会实现心愿。

但那又怎样，现在不试试也许永远也不会去做，不去做，又怎么知道能不能完成？不要在还没有尝试的时候，就先向自己缴械投降。

有些事情，只有当我们做了才会知道结果，才能知道喜欢与否。

握着这张入场券，至少我们还拥有选择的权利，如果你把这张入场券撕了，那么连试一次的机会都没了。

试着走进去看一看，也许是你喜欢的，也许是你热爱的。即便不是也没有什么，至少你多了一次机会去重新认识自己，这个打破迷茫的过程或许比结果更精彩，不是吗？

日子需要折腾，也需要脚踏实地。我不知道 5 年后的自己是怎样的，但此刻的我并不着急，也不迷茫。知道要做什么，知道脚下的路在哪儿，便足矣。

不要害怕，我会一直陪着你。如果你愿意，就让我们一起走出迷茫，遇见更好的自己。

25岁之后，你多的不只是一岁年纪

01

曾经有人问过我一个问题："过了 25 岁的你有什么感觉？"

一定要说有什么感觉，可能感觉离曾经遥不可及的 30 岁越来越近了，谈不上害怕，但也没什么喜悦。

25 岁在很多人眼中是分水岭。这个年纪的人有些还在读书，有些已经为人父母；有些人在为一日三餐打拼，有些人靠着父母衣食无忧。

过了这个年纪，生活一半是梦想，一半是现实。

前几天和朋友聊天，他在合肥工作快两年了，是一家培训机构的老师。我们聊了很多，其中包括目前的工作，朋友说在这样的环境下待了两年，仍旧想从事自己喜欢的摄影工作。但他的父母强烈反对，认为摄影是没有前途的，又累又苦，当老师是最好的选择。

这是现实的写照，稳定和安逸是许多人追崇的目标。

25 岁的你越来越需要趋于平稳，要开始存钱，准备结婚买房，为了小家，也为了自己。很多事情不能再像 20 多岁那般从容自在，会考虑很多，会为自己留条后路，甚至放弃有风险的进步，选择目前的生活。

在梦想与现实之间，25 岁的我们会不假思索地选择后者。

身边太多的姑娘，25 岁结婚生子，她们的梦想就是家庭幸福、孩子健康。至于自己的兴趣，与这个小家比起来显得微不足道。即便曾经燃起过，但也很快就熄灭。

梦想对于 25 岁的人而言是种奢侈品，不是没有选择的余地，而是不敢从头再来。

这个年纪的很多人怕的不是梦想之路上的艰辛，而是真的输不起。

02

25 岁的我们有了许多不得不承担的责任，不得不面对的压力。

昨天，看了一篇文章，文章中描写了这样一个场景：一位 30 多岁的男子，躲在医院的角落里痛哭。

一边是急需 10 万元手术费的老父亲，一边是公司即将裁员的噩耗，另一边是女儿要重新配一副眼镜的要求。他感受到了前所未有的人生困境，仿佛没有一条路可以走，所有的不幸都接踵而至。这个年纪上有父母，下有孩子，从青年步入中年后，肩上越来越多的担子不得不去担，不得不去做。

身边的同学有很多已经走入婚姻的殿堂，当了父母。我曾经问过一个女性朋友：“当了妈妈有什么不同？”

她的回答让我有些意外，她说：“你不再只是为了自己而活。”

一句简单的回答，道出了很多父母的心声。他们的生命中从此不再只有自己和对方，还有一个嗷嗷待哺的小家伙，为了这个小家伙去打拼，为了这个小家伙去奋斗，很多时候常常会忽略了自己。

忽略了自己那些年少时的梦想，忽略了自己真正喜欢的事情。

这个年纪的我们，父母尚且健康，但日子一天天地过去，他们终会有老去的一天。那个时候，我们不仅有了孩子，还要面对独生子女需要面临的现实问题，两个人负担 4 位老人的养老。

我们要想办法赚钱、存钱，以备不时之需。孩子的花费，父母的健康，意外的开销，这所有的一切无疑都成为了 25 岁之后我们需要考虑的问题。

有了这些责任，我们便会被生活逼上一条路，一条不得不走完的路。于是，我们开始出现“危机感”，想要逃离但却无路可退。

03

25 岁之后，我们多的不只是一道细纹，一岁年纪。

多的是责任，是压力，是成长。

既然这是我们的必经之路，那也不必害怕，我们要做的是适应和调整，甚至是去改变。

一、学会爱惜自己的身体。

《人民日报》发布了一份中国癌症报告。年轻人的患癌概率越来越高，这与我们的作息和饮食有着密切的关系。

过了 25 岁之后我们不再年轻，那些熬不起的夜、吃不了的食物，不要再留恋。保持好的作息，经常锻炼身体，定期体检。这不仅关系到自己，也关系到一个家庭的幸福，我们还有孩子、还有父母，这些都需要我们拥有好的身体去照顾。

这是最首要的条件，没了健康，我们还有什么呢？看着越来越多的年轻人失去健康，我不仅仅是痛心，更多的是惋惜。

二、学习基本的理财知识。

无论我们拥有多少财富都要知道，钱不是省出来的，省钱只是理财的第一步。到了25岁不论成家与否，我们都需要具备一些基本的理财意识和知识。

选择适合自己的理财产品，为自己积累必要的物质。

试想一下，当父母生病、孩子需要辅导费时，这些开支从何而来，如果只有死工资，是负担不起这些开支的。无论怎样，25岁之后我们不再有资格做一个“月光族”，我们需要对未来有规划，利用好手里的资源，去赚钱、存钱、理财。

三、如果可以，培养一项长期的技能。

如今的社会之所以压力大，是因为竞争太激烈。学历不再是绝对的敲门砖，更多的是需要拥有一项长期可以为自己带来实际效益的技能。

我们时常可以看到，越来越多的年轻人开启了“斜杠”生涯，工作之外做一些力所能及的事情。一是爱好，二是赚钱，也算是另一种理财的方法。

公务员可以成为写作达人，会计师可以做手账，老师可以成为摄影师……有很多技能可以为我们带来经济财富，如若不能，它也可以成为我们的加分项。如果有时间、有条件，我们应该有意识地从兴趣出发，培养一两项技能。

四、坚持学习，让自己变得更优秀。

我身边有很多朋友，工作后或是成家后，便放弃了学习。这是一件很可怕的事情，因为这个时代不会因为你身份的转变、年龄的增加，而对你温柔，只有优秀者会被它温柔以待。

不学习会导致三个后果：一是工作的局限性；二是与优秀人群的脱节；三是家庭的不和谐。

我们是什么样的人，就会遇到什么样的人。当我们优秀时，会获得上司的青睐，结交到志同道合共同进步的朋友，与另一半一同成长，成为下一代的学习榜样。

学习不仅仅为了现实需求，更是为了让我们一直保持对这个世界的好奇心。当年华褪去时，我们还有气质和才华，那才是最好的保养品。25 岁才是很多人真正的成人礼，过了这个年纪，我们学会的不仅仅是长大，而是蜕变。适应更残酷的社会，更繁重的责任，更巨大的压力。

也许我们的容貌会变化，身材会走样，但愿我们永远保持一颗向上而年轻的心。爱自己多一些，爱值得爱的一切多一些。

25 岁其实也没那么可怕，当我们准备好迎接它时，它也会笑着向我们走来。挥一挥手，轻轻地对它说一句：“25 岁，欢迎你的到来。”

生活不会辜负那些正在努力的人

01

朋友小冯因为喜欢唱歌，我们相识于唱吧。直到我偶然间在他主页下方看到了他的毕业照，才发现他原来是小我一届的学弟。

这种缘分使然的相识，实在美好。

学弟是 2016 届的应届毕业生，在那年的考研中他落榜了。我与他相识在 7 月，那时的他已经毕业，在学校附近租了一间教室公寓，准备来年再考研。

一次偶然的机会，我回学校办事，顺便看望了学弟，我们学校每年暑假会为考研的同学提供空余教室，方便他们复习备考。找到学弟的时候，他正在教室的一个拐角处看书，我也坐在他邻座的位子看带来的书。在教室的两个小时，我们没有说一句话，他安静地复习，我安静地看书。

晚饭时我们去了学校的小吃街，饭间，学弟和我聊了起来。

那次谈话后，我才知道，学弟原本是我们学校的专科生，上大学开始，就决定考专升本，并非为了高人一等，而是心里一直有个本科梦。考专升本那年，他在合肥上补习班，正值三伏天，每天 9 个小时的课程。两个月下来，学弟瘦了 10 多斤，他每日匆匆地解决好温饱，便赶去教室占座位，因为晚了就只能坐在最后一排。这样的日子他坚持了 9 个月，最终考上了我们学校的本科。

对自己高要求的学弟，并未止步于此，他决心考本专业的研究生，第一年的失利让他有了再战的准备，租住的公寓里没有空调，夜晚大汗淋漓地醒来成了家常便饭。

最终，两年的考研之路终于开花结果，今年的 5 月份，我收到学弟发来的微信消息，他考上了研究生，语音中能够听到他激动到颤抖的声音……

02

屠格涅夫说过："你想成为幸福的人吗？但愿你首先学会吃得起苦。"

碎片化的时代中，许多人的步伐也随之加快。我们吃着快餐，乘着快车，读着快节奏的新闻，随之而来的便是一道道快餐式的文化餐，渐渐失去了内心的沉静。

曾经看过一篇关于写作的文章，在文章下方有这样一则留言：如何能成为像您一样的写作者，拥有这么多的素材和源源不断的灵感呢？这位作者给出了一句这样的回答："读书，而非碎片；多思，而非乱想；多问，而非瞎问；多写，而非流水账。"

"快速成功学"充斥着我们的生活，经常会遇见各种用"如何在短期内成功"的噱头而开设的培训班或者讲座。其实仔细想想，这些所谓的"快速成功学"并非空穴来风。

谁都希望不用付出太多就有回报，短期内的投入带来高收益。但很多人也忘记了一个道理：成功不是买股票，可能短期获益。我们看到的成功作家，他们的小说很畅销，但在背后，是他们坚持多年的经典文学阅读，是孜孜不倦地坚持写作。

我们往往只看见了成功者光鲜亮丽的一面，却从未看到成功需要付出的努力过程。

蔡康永在《康永，给残酷社会的善意短信》一书中，写下这样一段话：

> 15 岁觉得游泳难，放弃游泳，到 18 岁遇到一个你喜欢的人约你去游泳，你只好说“我不会耶”。18 岁觉得英文难，放弃英文，28 岁出现一个很棒但要会英文的工作，你只好说“我不会耶”。人生前期越嫌麻烦，越懒得学，后来就越可能错过让你动心的人和事，错过新风景。

我们在决定做一件事情时总会想，我先列个计划，计划列好了，我就有动力了。当计划密密麻麻地写满一张纸时，你又会说，明天再开始吧，今天要准备一下，等到了明天，你又忙着其他的事情，而忘记了昨天的话。

就这样，计划表成了一堆废纸，行动成了一句话，努力成了一场梦。

03

胡适先生在《人生有何意义》中说过：“生命本没有意义，你要能给它什么意义，它就有什么意义。与其终日冥想人生有何意义，不如试用此生做点有意义的事……”

你努力了一天，便有了努力的意义。你放弃了努力，这一天便只是指针滑过而已，不留任何痕迹。

日本动漫大师宫崎骏先生在幼年时期就喜欢看书、看漫画。如今，我们看到宫崎骏先生那些著名的动漫作品，比如《风之谷》《龙猫》，每一帧的画面都可以用来作为屏保，因为每一帧画面都是宫崎骏先生画下的画稿。

几度隐退又出山，宫崎骏先生总能给我们带来新的作品。每次退出，他都会被问到何时再出山，宫崎骏先生总是会说："老啦，但我还会一直画下去的。"宫崎骏先生带着对动漫的钟情，一直紧握手中的笔，正如他所说的，他会一直画下去。

许多人用一生来诠释何为热爱，何为努力。

04

不用担心，生活不会辜负正在努力的你。

写作的过程中会收到一些读者的私信，记得有这样一条留言："羊达令，小时候我很有目标，想考上好学校，选择好工作，为此，我每天都在努力。上课比别人早到，晚上学习英语，但成绩一直平平。现在我从事新媒体方面的工作，想在写作上有些进步，为此，我每天都会花时间读书，坚持听网课，但总感觉自己写得不好，我要怎么努力才可以？"

人都会质疑：为什么我已经这么努力了，还是没有回报？看似花费了很多的时间，效果却一般。我不知道这位读者的生活背景如何，内心有多大的压力，但我明白，他付出的努力一定不少。

效果不佳的原因可能是方法不适合，也许是没有进行总结反思，或是目的性太强，等等。但请你千万别放弃努力，千万不要放弃自己的梦想。

调整好心态，多问问自己为什么，找到适合自己的方法，没有人能一口吃成个胖子，有些结果不是一日之功而成，那句“冰冻三尺非一日之寒”，道理浅显，但却引人深思。

我们都要相信，生活不会辜负正在努力的我们。

无论怎样，奋斗才是我们最大的安全感

01

微博热搜里看到这样一条新闻：父亲带 19 岁的女儿摆摊，认为读大专还不如做生意。

女儿高考考上了一所大专院校，却没去读，原因很简单，父亲认为读三年大专还不如让女儿接替自己，摆摊卖饼。他认为大专毕业后也找不到好的工作，即便本科生、研究生也不一定有好的发展方向。学一门手艺，攒钱开个店，不比读大学差。

这则新闻引起了很多群众的热议，读大学和做生意，究竟哪个更有出路？在这位父亲的意识中，读大学是浪费时间和金钱的，做生意是直接为自己的利益所努力，并且终身受益，无须和毕业生一起竞争岗位，为了成绩日夜学习。

事实真的如此吗？

我们常听到各种关于大学的观点，也听到过很多关于读大学有何意义的表述。记得曾经的一个视频中，浙大的教授郑强提及了读大学的意义：一是体味生活和历史，二是夯实基础，三是培养艺体。

所谓的体味生活和历史，不仅仅是大学的日常生活，更多的是感受大学的历史和氛围；真正应当记住的不仅仅是母校的就业率，而是在这所学校所收获的心灵启迪。那些悠久的历史、传承的精神，都是大学生应该去体味和感知的。

所谓的夯实基础，是指我们在面临择业和求学的过程中，应当夯实最有帮助的专业基础。大学四年，不要想着学得太满、太多，能真正做好几件事就已不易。

所谓的艺体，顾名思义是艺术和体育，一个是心灵的教育，一个是身体的锻炼。郑强鼓励男生多去看看女生弹琴，看看她们跳起舞来曼妙的身姿；女生多去球场上看看男生打球，感受男生强健的体魄以及他们的男子气概。读大学的意义有很多，每个人的理解更不相同。

在一个针对北京外来务工人群的采访中，记者问了他们这样一个问题：“北漂这么苦，为什么还要坚持？”

其中的一个回答戳中了很多人的心房：“为了孩子。”

简单的四个字，却道出了很多在大城市打拼之人的心声：为了孩子能有一个好的起点。虽然我们苦，为了扎根、为了买房、为了户口不知道会付出多少，但我们希望，在我们的孩子出生的那一刻，他是属于这里的，我们希望他能够和本地的孩子一样享受教育资源、社会资源，在同一条起跑线上出发。

看似简单的回答，却包含着太多的期许，他们已经远远不是为了自己而打拼，对于下一代的未来，他们早已有了打算。希望孩子的户口落在这儿，孩子能上重点学校，接受好的教育，考上好的大学。

上大学仍旧是很多父母和孩子的第一选择，毕竟在这样一个时代，文凭不能代表全部，但可以影响很多东西。

02

读大学有何意义，不读大学又代表了什么？这些问题都因人而异，是冷暖自知的事情，没有标准答案，也没有评判标准。

但有一点是非常肯定的，那便是：无论何种选择都需要努力奋斗。

考上大学并不代表一劳永逸，我们考大学的目的也许各不相同，但最终我们都希望实现自我的人生价值，包括社会的、个人的。

这些价值不是学历带给我们的，而是自己争取的。这些价值在我们读过的书里、学过的知识里。我很赞同李笑来的一句话：“所有学习上的成功，都只靠两件事，策略和坚持，而坚持本身就是最重要的策略。”

再多的方法论和技巧，都离不开坚持。

我们总是想得很多，看到别人取得了成绩总会羡慕和向往，但轮到自己真正去做时，会有千百种理由阻挡我们前进的脚步。太爱看书不合群，坚持早起太困难，放弃追剧不可以。永远不要羡慕别人的成绩，因为我们根本不知道他们背后付出了多少努力，如果我们能做到，便不会羡慕。

如果可以，学好英语吧，无论做什么，它都会是一项加分项；如果可以，多看点书吧，它不仅是一种积累，而且会潜移默化地改变你；如果可以，为自己设立阶段性的目标吧，小的目标会让我们更有动力去完成；如果可以，培养一两项自己喜爱的技能吧，尽力把它们做到极致。

读大学本就是积累和成长的过程，走出校园，无论从事何种工作，都需要在大学的四年里积累和奋斗。

这不仅是一句励志语，更是现实的写照。

03

如果说读大学是一种精神的历练，那么不读大学，便会面对一种社会的历练。

在互联网兴起的时代，很多普通人走到了公众的视野中。比如演艺圈中非科班出身的赵丽颖、王宝强，没有背景的他们，靠着十年如一日的奋斗，走到了一线的位置。

如果说这样的成功是偶然、特例，那么还有很多普通人，也在默默地努力着。

一位没上过大学的女孩，曾经没有人生方向，更没有出路。面对就业的压力，她选择学习平面设计，之后在广告公司打过工，自己创过业，被人排挤过，也被人嘲笑过。如今的她已经成为了签约作者，利用互联网大时代的背景，开起了网络课程，并且已经买了自己的房子，把父母接到身边。

谁的成功都不是偶然，只是程度不同、属性不同。

无论是怎样的身份和起点，我们想要过什么样的生活，就必须付出与之相匹配的努力。当然，在奋斗的基础上，我们需要树立目标以及选择有效的方法和正确的时间管理。但终归还是那句话：如果懂得太多，做得太少，一切都是徒劳的。

所谓的可能，往往就是边走边获得的，不走在路上，风景也不过是想象中的海市蜃楼。如果我不坚持写作，我也不会遇见现在的自己，也不会认识很多优秀的人；如果不是坚持弹琴，我不会写出自己的歌；如果不是坚持学习英语，我不会知道自己还能看懂英文书籍，和别人用英语沟通。

人都是懒惰的，我也不例外，努力不一定成功，但不努力一定很舒服。恰恰是这种“舒服”，让我们一点点地落后，最后剩下的不是舒服，而是淘汰。即便是天才，也需要学习；即便是富二代，也要学会经营。

有多少人白天忙于工作，晚上回家埋头写作、看书；有多少人知道自己基础薄弱，不停地补拙；更有多少人已经是成功者，却仍旧在学习各项技能，只为了获得更好的发展。

人生需要努力才有成绩，不管上不上大学都不能放弃奋斗。别对读书丧失信心，成长的路上，只有奋斗才是我们最大的安全感。

工作后的生活，往往决定了你的未来

今天，我在朋友圈里发起了一个话题留言。

课后或者下班回家的你都会做些什么？很快我便收到了 30 多条留言，经过筛选后发现，有一半以上的留言偏向于休闲娱乐，主要是看电影、刷微博、玩手机。一小部分则在工作之余看书、健身、学习技能。

这样一个小小的测试不能说明什么，但也能够间接地反映出一个问题：我们的课余时间，基本上以娱乐为主。

但很少有人会意识到，这些被我们拿来休闲娱乐的时间，往往会成就一些人的未来。

01

我的一位高中同学在一家汽车公司做出纳已经整整三年。我的第一份实习工作也是和汽车相关，所以会经常和他聊天。

一次同行聚会中，我们聊到了关于未来的职业规划问题。

同学作为他们单位的代表，说了这样一句话："未来的规划？我觉得我现在的工作挺好的，并没有什么打算，我妈不想让我太拼，家里帮我把房子也买好了，所以没有太多想法。”

聚会后，我给他引荐了我的一位师姐，她也是从事财务工作的，并且已经考取了注册会计师职称，希望能对同学有所帮助。

但同学当场就回绝了我，他的理由是：“我不考试，天天上班那么累，下了班还要去上课，而且注册会计师要好几年的资历，我不行。我下班要回去休息，都不是学生了，为什么还要学习？”

这个回答让我有些吃惊。学习难道只是学生才需要做的事情吗？

答案并不是。

有一个著名的理论：一万小时定律。词条里是这样解释的：要成为某个领域的专家，需要一万小时，按比例计算就是：如果每天工作 8 个小时，一周工作 5 天，那么成为一个领域的专家至少需要 5 年。

简书的第一批签约作者中，有一位擅长写干货文的彭小六。这位在简书大名鼎鼎的青年作者来自一座三线小城，以前也是一名普通的上班族，朝九晚五。而他有着超出常人的勤奋和毅力，每天利用下班后的时间进行学习和写作，而到了周末，他就去各个城市做线下分享……

彭小六的成功并非偶然也并非个例，他真正地践行着“一万小时定律”，并且试着将自己热爱的事情努力做到极致。试想一下，下班后追剧逛淘宝三小时的你，和花费同等时间学习一项技能的你，一年后会有怎样的反差？前者依然继续追剧，除了能叫出剧中男女主的名字，什么也不知道；而后者可以较为熟练地掌握一项小技能，如果将时间轴纵向拉长，结局不言而喻。

我们总是想得太多，做得太少，还总是抱怨生活太糟，未来迷茫。

原因不在于你没有机会，而是你根本无所谓。

02

我在大学期间和很多同学一样，每天除了上课，便再没什么事情可做。

我随便找了一个兼职，每个月赚着几百块的工资，回到寝室和室友聊聊八卦，看看《爸爸去哪儿》。这种日子久了，我觉得很舒服，和专升本的备考时期相比，简直是天堂。没有学业的压力，也没有物质的负担，那时的我每天沉浸在各种娱乐之中，最可怕的是，我并没有觉得有何不妥。

前几天，我写的一篇关于“毕业后才是学习的开始”一文引起了很多读者的共鸣。大家和我一样，曾经或是此刻都在过着“天堂”般的生活，有些人醒了，但有些人仍在睡着。

最近一个月，我和几位读者达成一个“早安 call 约定”，每天 5：30 给彼此打电话，提醒对方起床看书。昨天早上，其中一位读者 5：15 给我发来微信，说他已经洗漱完毕，坐下来看书了。听他这么一说，我有些不好意思，赶紧起床看书。这位读者是一位上班族，目前正在准备在职研究生的考试，他并没有比其他人多出太多时间，而是利用早上的两个小时看书学习。

我曾经听过这样一个故事，一位懒惰者被送去了天堂，那里什么都有，不用付出任何代价就能得到。这样的生活没有持续几天，此人便觉得有些无聊，他问天使：“我可不可以做些什么，来获取这些东西？”天使说：“不行，我们这里想要什么都有，就是没有付出。”懒惰者气急败坏：“你们这儿不是天堂吗？怎么会没有付出呢？”天使笑着说：“难道你不知道吗？天堂的另一个名字，叫作地狱。”

无忧无虑地生活在“天堂”中的我们，其实在逐渐走向“地狱”的深渊。那些成功者也许没有过硬的背景，或者高智商的头脑，但他们一定做到了一个词：坚持。

比别人多一些坚持，每天坚持一点点，日积月累，他们已经跑在了这个领域的前沿，而你还停留在“我再想想”的阶段。

03

曾经看过一个求职视频，视频中的面试官问了面试者们这样一个问题：“能说说你们平时的业余爱好吗？”

对面坐着的两个面试者，一位是大学毕业具备两年从业经验的求职者，一位是应届毕业生。

前者回答道：“我平时喜欢听听歌，没事和朋友聚聚餐，积累点人脉。有时候会去健身房跑跑步。”

后者这样回答：“我没有太多的业余爱好，大致分为两类：一类是自我提升，包括每天固定一小时的阅读时间，半小时英语学习，每周三次长跑或者其他有氧运动。第二类是休闲娱乐，有时间我会看电影，我喜欢写影评，我还喜欢出去旅行、拍照。”

面试官最终选择了后者——一个没有任何职场经验的应届生。

采访时，面试官说了一句令人印象深刻的话：“一个人的一天，往往会决定他的一生。”

我们身边有很多这样的人存在：大学同学用大学四年的时间看了1000本书，坚持写书评，毕业后通过写作获得了在工作之外的额外报酬。一位文友在课业外采访了多位明星和实力“90后”，她的公众号粉丝从几十个涨到了几万个。

时间是这个世界上最公平的东西，每人每天拥有的时间都是 24 小时。而你怎么利用这 24 小时，决定了你的未来。

蔡崇达在《皮囊》中写道 :“肉体是拿来用的，不是拿来伺候的。身体只有动起来，才能越来越好。”

经济繁荣的今天，我们总是会去投资各种理财产品来获得额外收益。但最好的投资便是投资自己，多学一点，多思考一些，让你的未来多一些可能性。

未来的你，会感谢今天努力的自己。

Part 2
比起努力，我们更需要自控力

我们都知道，努力了不一定成功，但不努力一定很舒服，如果你不想让自己活得太舒服，那么恭喜你，你已经找到了努力的意义。改变从现在开始，春暖花开时播下种子，待秋日之时方能收获喜悦。说得再多，不如开始去做。你说呢？

离开“安全区”，需要破釜沉舟的勇气

01

乐嘉在《本色》一书中写过自己曾经的一段经历：他在中专学的是金融专业，毕业后就职于一家银行，每天朝九晚五。这种生活大约持续了两年的时间，乐嘉有些烦躁，在他的客户中，他特别羡慕一位经常出差的男士，他想，如果我可以离开银行，得到一份可以出差的工作该有多好。

乐嘉和父母沟通了自己的想法后，遭到了父母的强烈反对，在他们眼中，银行工作可是个金饭碗，做个几年就能升个科长，怎能还不知足？

此时，乐嘉心中辞职的念头越发强烈，在银行工作两年后，乐嘉选择了辞职。19 岁的乐嘉进入了雅芳集团做起了销售，实现了他的出差梦。

刚刚进入雅芳期间，乐嘉就遇到了瓶颈，因为年纪小，经常遭受到同行的质疑。他当时就暗下决心，一定要做出一番成绩，打破僵局，年轻的乐嘉开始不断地学习，成为雅芳当时最年轻的销售顾问。

乐嘉当主持人，参加《非诚勿扰》，写作。每一次改变都是踏

足完全陌生的领域，每一次的突破都需要巨大的勇气与面对内心的挣扎。

乐嘉在书中写道：“如果当年我没有选择去雅芳，我可能仍旧待在银行的格子间里算着账，如果没有接触性格学说，便不会有现在的性格色彩。”

人待在舒适区中会觉得十分安逸，每天面对熟悉的工作、熟悉的人，好像日复一日也并无不妥。但有这样一个问题，舒适得久了也并非是件益事。好比寄生虫总是喜欢待在温暖潮湿的地方，有水分，有温度。但它们的寿命也很短，这些看似优越的条件正在促使它们逐步走向死亡。

02

有一个实验是将一只狗关在一个笼子里，刚开始的时候，这只狗每天都在重复着一件事情，就是拼命地扒着笼子的门，希望可以逃离这里。实验人员每天会为它准备丰盛的食物，这只狗在实验人员的喂养下，体形日益丰满。

实验进行半个月后，实验人员将笼门打开，试图让这只狗出来，对比曾经的结果却大相径庭。这只狗懒懒地趴在笼子里一动也不动。实验人员将它拉出来，它又掉头回到了笼子里。

这个笼子便是我们生活的圈子。舒适、安稳，没有波澜，有充足的营养，让我们肢体肥胖的同时，也让我们丧失了突破的能力。周而复始，我们也渐渐习惯了这种生活，并未觉得有何不适。

不得不说，我也是生活在“安全区”中的一分子，日复一日的工作和生活，让我有时也产生倦怠和安逸。想要逃离“安全区”，但却受困于现实。26 岁的我已不敢轻易踏出这个圈子，害怕从头再来，害怕面对新的事物。

离开“安全区”有时真的需要勇气。这份勇气也并非只有破釜沉舟才能证明，有时跨出一小步，便是成功的一大步。

03

《圆桌派》中有一期话题，谈论的是该不该逃离安全区，主持人窦文涛说了一个关于自己的故事。

作为主持人的窦文涛，需要拍摄宣传杂志的封面，但每次拍摄都差点要了他的命。面对镜头他不会笑，不会摆姿势。穿着不舒适的衣服，做着不擅长的表情，硬着头皮拍摄完，每次都浑身难受。

但久而久之，窦文涛也习惯了这种生活。身为演员的何冰也是感同身受。何冰这样描述自己的感觉：“演戏，有一个特定的环境与角色，但拍摄与走红毯，并非如此。我可以扮演各种类型的角色，但我无法扮演自己，那种感受真的很难受。”

按照窦文涛的话来说，谁也不喜欢做自己不喜欢的事情，但生活有时不允许你随心所欲。为了工作，为了生存，有时需要逃离“安全区”，我们之所以恐惧，是因为人都有惰性，不愿尝试新的事物，害怕花费时间与精力，担心事与愿违。

如果我们跨不出一大步，那就跨出一小步，跨多了怕扯着裆，跨小了刚刚好。其实当你真正离开后会发现，身处“安全区”之外也没有那么可怕，面对新的挑战便多了新的乐趣，反倒收获了不同的体验。

04

托尔斯泰说：“多么伟大的作家也不过是在书写他个人的片面而已。我们生来不是表演完美的，而是来经历的。”

生命是需要经历的，生活是需要多姿多彩的。

微信自诞生以来，成为了许多人新的沟通平台。对于我们的父母这辈人来说，常常无法领会其中的奥妙，但迫于生活需要，他们也开始学起了微信。

比如我的老妈，从不会使用微信到现在用得比我还精通，在刚开始学习的过程中，她经常分不清“我”是做什么用的，为什么第一页的好友经常莫名其妙地消失。

这些困惑对于刚刚脱离按键机的她来说，的确需要一段时间来弄懂，但日子久了，她也开始喜欢上微信这种新的社交工具了，刚开始的那些僵局逐渐被瓦解。“安全区”里的我们会觉得温暖舒适，跨出“安全区”的过程可能有些迷茫，有些不情愿，但不尝试永远也不知道外面的世界有多精彩。

如果我们一味地待在舒适区中，我们的圈子会越来越小，我们的眼界也越来越窄，像是井底之蛙，总觉得在井下看到的那片天空便是全世界。

有句俗语说得好：“击倒对手的那一拳，通常是你不擅长的左手打出来的。”

我们总是说习惯习惯就好了，但习惯后也就成了温水煮青蛙。打破眼前的僵局，给自己一些新的挑战，在“安全区”与“外围区”不断摸索出适合自己的区域，只要不违背原则，不妨伸出一只脚试试水，也许外面的世界会更让你兴奋！

比起努力，我们更需要自控力

我们都知道一个道理，想要达到自己的预期目标，必须要付出努力和成本。

但我们就是做不到。

01

前几天，一个读者姑娘向我诉说了一件事：她们宿舍 6 个人，来自天南海北，每个人的生活习惯都不同，恰好她又是一个不喜欢睡懒觉的人。

每天 6：00 起床，洗漱、背单词，7：00 抱着书去吃早饭，接着上课或者去图书馆。但她最近接到了宿舍其他女孩的“集体抗议”，认为她起得太早，声音虽然不大，但足以影响她们的睡眠质量了，问她能不能别起那么早了。

姑娘一脸委屈，她早起的习惯是中学时养成的，每天早起背单词成了必须做的事情。她说自己晚上睡得也不早，晚上有晚上的事情，早上有早上的事情。对她来说，早起可以做很多事，不慌不忙。

现在为了不吵醒室友，她起床不定闹钟，也不开灯，洗漱到公共水房，但她仍旧每天 6：00 起来，继续着她的早起生活。

我问她，早起的生活给你带来什么改变，她说："大一的时候考完了英语六级，现在准备考雅思，而且有充足的时间去吃一顿早餐，散着步去上课，感觉很精神。"

大学是一个小社会，每个同学未来的很多习惯，都是从大学起开始塑造的。我们往往会忽略在大学中的自我成长，觉得这是一个用来放松的 4 年。总算脱离了高中的学海生活，大学应当享受青春，把没睡的觉通通补回来，把没玩的东西全部玩一遍。

但我们又会有一个通病，那就是总在羡慕别人。她考过了英语四、六级，一定是功底好，考前稍微花点时间就做到了；他被保送了研究生，一定是家庭背景优势，从小综合素质就高；他身材好力气大，一定是天生的身体素质好。

我们以为的毫不费力，不过是别人的拼尽全力。

但我们总是一边羡慕，一边无动于衷。

02

在知乎上，看到这样一个故事。

宿舍里的一位女生，每天早上 6：00 起床雷打不动地听 CNN，然后跟着复读，毕业后，她去了航空公司工作，利用工作之余去到了很多国家和城市，提前完成了别人周游世界的梦想。

5 年后，她辞去了工作，考了一个专业对口的公务员岗位，过起了朝九晚五的生活。每天仍旧坚持练习英语、读书学习，保持着大学时的习惯。她的室友感慨道："我们与她的差距，可能是从 10 年前的某个清晨开始的。"

所有我们羡慕的成功，没有轻而易举，也没有唾手可得。他们总是在我们看不到的地方默默努力，不愿声张。努力是给自己的，而不是给别人看的。

《最强大脑》中的天才学霸们，在采访中都云淡风轻地说着自己的学习经历和过往生活，那些傲人的成绩在他们的口中是不值得一提的事情，他们甚至认为自己是“学渣”，不爱学习。

在《最强大脑》徐萌的一条微博中，他提到了自己的生活。从新加坡国立大学毕业后，他选择在上海工作，工作强度很大，要学习很多知识。他说自己和许许多多的学生一样，并不是天才。

考试前要看书、刷题，常常熬夜学习、工作。这个世界上哪有那么多的天才呢？即便是天才，也需要努力，毕竟天赋不能决定所有。简而言之，我们输给别人的不是别人的聪明，而是自我的推脱。

但比努力更重要的一件事，是自我的把控力。

03

提高自控力，不单单是拥有好的作息，还涉及各个方面。

《自控力》一书中提到：不要总想着“今天犯错，明天补救”，“今天放纵，明天改变”，不要向明天赊账。

很多事情，并非今天不做，明天就会好转，而是你今天不做，明天照旧如此，不会有任何变化。提升自控力的第一点，我们便要从“着手做”开始，不要总想着先列好计划，明天再做。

从此刻就开始，在做的过程中一点一滴地改进和总结。为自己每天要做的事情做出安排，完成后打上对钩，开始做是每件事的第一步，没有这一步，何来后面的路？

不要为自己设立过高的目标，是掌握自控力最简单的方法。我们之所以懒惰，有时是因为目标过高，让我们难以完成，短期内看不到成效后我们便自我放弃。如果给自己设定一个小目标，可以通过每天的坚持达到令自己较为满意的结果，这会使我们的信心倍增，更有动力完成接下来的事情。

这是一种自我激励，当我们看到自己的努力和坚持有了结果时，我们便会希望达到更高的目标，从而在无形中提升了自控力。

《高效能人士的七个习惯》中有一个习惯是：改变现状、解决问题的第一原则是积极主动。尝试站在别人的角度来改变自己。这需要我们从自身的格局中跳出来，站在其他人的角度来观察自己的行为，这样我们做出的决定也会不同。

比如早起，我们很难做到，也很难坚持，明明知道它很好，但却无法付诸行动。此时，我们就要跳出自身，看看早起的那些人是怎样做到的。他们也是从最初的难以坚持，到强迫自己，再到形成习惯，带来的结果便是学习了知识，养成了好的作息。

那么，我们可以积极主动地去模仿，如果做不到，那就借用辅助方式，比如别人的提醒，给自己的小惩罚，等等。毕竟，很多好的习惯都是不舒服的，而这些不舒服的习惯，往往是我们取得成功的关键。

我们都知道，努力了不一定成功，但不努力一定很舒服，如果你不想让自己活得太舒服，那么恭喜你，你已经找到了努力的意义。

改变从现在开始，春暖花开时播下种子，待秋日之时方能收获喜悦。说得再多，不如开始去做。

你说呢？

自我修行，是好人缘的通关密钥

不知道你是否和我有着相似的体会，好友列表里的朋友越来越多，却没有几个能聊到一起的。

总以为认识了一些很了不起的人物，加了微信，却再也没有了交集，最终成为了点赞之交。曾经的一些朋友，随着时间的流逝渐行渐远，并没有太直接的原因导致离别，却发现再怎么努力靠近也是两条平行线。

很长一段时间里我都认为，只要我保持谦虚的态度，向优秀的人去讨教，总会得到别人的帮助和青睐，我甚至认为所有的友谊都会地久天长。

但久而久之我发现，优秀者的圈子我合不进去，过去的友谊也一去不回。

01

好人缘从不是一厢情愿地奢求。

在很多人的观念中，好人缘是只需要我对你热情一些，对你真诚一些便可以换来等价的友谊。

记得刚刚参加工作那会儿，我做的是汽车市场执行策划，每天打交道最多的便是大区的领导和总部的人。每月固定的月报和日报邮件抄送，是最烦琐也是最耗时的一项工作。

我们在工作中需要经常和领导交流，有什么不懂的，或者不清楚的地方需要及时沟通。但是当我把花了 10 分钟编辑好的微信发送给需要询问的领导时，总是迟迟得不到回复。

即便得到回复，也是极其简短的，这让我感到很奇怪。那时的我知道一些社交中的礼仪和尊称，我自以为已经做到尽善尽美，但这种情况总是频频出现，于是我便向学长请教。

学长笑着告诉我："你刚毕业，可能还不明白一个很简单的道理，你与领导之间的差距，就是因为这个。"我很不解，我们除了身份上的差距，还有什么呢?

"不仅仅是身份上的差距，还有你们的认知、地位，等等。你是一个还未毕业的实习小丫头，人家能多重视你呀，要想得到别人的重视，得先让自己有些斤两。"

当时的我并未参透这句话。但现如今，我却能深刻体会。好人缘从不是毕恭毕敬和一厢情愿换来的，那样的情谊不过是昙花一现，慢慢地，我们就会被别人淡忘。

同样，朋友本就是大浪淘沙的东西，当别人都在进步时，你却还在思考为什么我们之间的差距越拉越大，为什么我们的友谊越来越淡。

所有的关系中，都讲究势均力敌。

02

经营自己的长处，能使你的人生增值；经营自己的短处，会使你的人生贬值。

明白了人际关系的维系之道，那我们便随之会明白另一个道理：让自己的长处得到充分的发挥，去适应不同的人群，这样的友谊和情谊才会更加持久。

有一种定律叫“木桶效应”，决定木桶盛水多少的是那块最短的木板。所以，我们会时常陷入一种教条中，我们需要补短，让自己这个木桶尽量盛放更多的水，从而使我们也更具价值。

但在今天这样的社会关系中，无论是工作中，还是生活中，甚至包括我们的人际沟通中，这种“补短”却有些不合时宜。

试想一下，两个好朋友在一起吃饭，你交流的话题是自己最近的不幸遭遇。一件两件事，对方会将之当作是倾诉，但时间一久，别人会认为你是个充满负能量的人，与你相处，得不到积极的影响。反之，如果你谈论的是自己最近的新发现、新领悟，比如女生之间，推荐一些平价又好用的护肤品，谈谈最近学习的一样新乐器，等等。

我们会发现，大多数的人都愿意和充满正能量以及可以从对方身上学到东西的人交朋友。如果你们有共同的话题和相似的爱好，那更是打开好人缘的优先选项。

所以，如何将自身的长处和优势发挥出色，是我们需要学习的技能。

在与他人的初次见面中，话题围绕着开放式的问题展开，让彼此有空间去畅聊。开放式的问题有：你有没有什么爱好？有没有哪一类爱听的歌曲？将话题引到自己所擅长的一面，加以描绘，抱着不做作不炫耀的心态，会让我们更加自信。

当我们自身散发出光芒时，对方便会自然而然地与我们亲近，愿意交流，每一次的沟通都是一次进步和学习，并且能使双方心情舒畅和自在。

03

懂得尊重他人，学会换位思考。

精通人际关系的人都明白一个道理，那便是要懂得分寸。在何种场合做出何种反应，对不同的人运用不同的交往方式。在这个过程中，我们需要尽可能地做到尊重他人，学会换位思考。

我们都不喜欢与自私的人为伍，与随心所欲的人为伴。

比如，有的人在和朋友的聚餐中总是点自己爱吃的菜，从不会问对方喜欢什么食物；比如，有的人在聊天时总是抢着说话打断别人的思路；再比如，有的人在向别人倾诉心烦的事时，总是喋喋不休地说很多别人的坏话，并不会考虑到此时别人有没有心情去听你抱怨。

这些事例在我们的身边比比皆是。我们总认为，既然是朋友，就无须在意这么多细节，也不用太计较。但我们都忘记了，细节决定成败，往往正是因为这些细节，才让我们和一些原本关系很好的朋友越来越疏远。

并非你不够优秀，而是与你做朋友心太累，得不到最基本的尊重。无论何种关系，我们都需要学会基本的尊重，在不影响自身原则的前提下，多为对方考虑一些，多在乎一下别人的情绪和感受。

知晓哪些该说，哪些该回避，这是一种素养，更是拥有好人缘的关键。

04

不断修炼，才能有资格与优秀的人并肩前行。

曾经听过这样一句话：优秀的人不是没有群体，只是他们的群体里容不下你。当自身不够优秀时，优秀的人自然也不会搭理你，好比童年时做游戏，你想加入他们的行列，必须要有相应的玩具。

想与人建立良好的关系，不是看你有多谦虚，有多懂得人情世故，而是看你有没有同一个水平面上的知识储备，想从优秀者那里学习，先要看一看自己能给别人带去怎样的价值。当我们拥有了与之匹配的技能后，优秀的人自然会向你靠拢，也无须再费尽心思去维系一段本就不对等的关系。

这些自我的修炼，便来自我们平日的积累。

我们可以这样做：多去读书，让自己更具有底蕴，使得我们在与他人的交流中有底气，也有话题点。在自己的专业领域和职场中提升竞争力和存在感，使得我们拥有更多的话语权和决断力。学习基本的社交礼仪以及沟通技巧，顺应多种场景下的相处之道。学会必要的外在打扮，无论是与朋友还是与同事相处，都给人一种尊重和舒服的感觉。

当我们越来越优秀时，我们会更加自信，更加从容地去面对每一段关系。

我们知道，有些关系需要去悉心维护，而有些关系，需要我们渐渐舍去。不合适的群就不去合，想融入的圈子便努力靠拢。与志同道合的人在一起会让我们更了解自己，也更加懂得友谊和关系的重要性。

好好修炼自己，才是拥有好人缘的通关密钥。

你的“差不多得了”，正在摧毁你的生活

01

还记得胡适先生笔下的那位名人吗？差不多先生。

他的那句口头禅“凡事只要差不多，就好了。何必太精明呢”如雷贯耳。差不多先生带着他的差不多理论，为人处世、工作，乃至临终前都觉得活着和死亡没有分别——都差不多嘛。他就这样走完了一生。

你是不是一个差不多就得了的人呢？

这份文件改了三稿了，差不多得了，反正领导也不会仔细看；今天写了一篇长文，我已经检查过一遍了，应该没错别字了，差不多得了；这男生有车有房，长得也不错，对我也还好，我也不讨厌他，差不多可以结婚了；今天要去参加一个同学的婚礼，反正也不是我结婚，穿那么好看干什么，这件衣服看着还行，差不多得了。

“差不多”这个词汇，充斥在我们的生活中，不仅仅有“差不多先生”，也有很多“差不多小姐”。你以为差不多得了就可以，其实，你的差不多正在渐渐地毁掉你的人生。

为什么有这么多人喜欢做“差不多先生”呢？

社会节奏太快，生活压力太大，导致了很多人已经没有过多的精力去精益求精地做事情了，多费一些时间，也不一定有多大的成效，把这些重复检查的时间用在其他方面，不是更好吗？

21天可以培养一个良好的习惯，同理，也可以培养出一个恶习，比如差不多得了。今天差不多，明天差不多，你总是在差不多的概念中生活，久而久之，差不多也就成为了你的生活习惯，你甚至并未觉得有何不妥。

“差不多式”的人多了，也就无所谓了。试想一下，你的周遭都是一群和你一样追求差不多生活的人，你们对于事情的态度都是“差不多得了”，那你也注定就是个“差不多”的人了。

说了这么多，其实原因总结出来也就一点：懒。

你的懒惰让你日复一日地浑浑噩噩，没有更高的追求，万事求中，即便你对生活有所期许，但习惯了差不多的生活，就会认为改变与不改变也无所谓了，那么，你的生活也就只能过成差不多的样子了。

02

朋友小天是一个典型的“差不多小姐”。

在她的字典中，从未有过“下次注意”这类词汇，有的就是“我都行，随便吧，你们定”这种中性词。

一起出去吃饭，小天总是客气地把菜单推给旁边的人，说着万年不变的那句话：“我都行，你们点吧，差不多就行了。”我们也习惯了她的举动，但出于礼貌，仍然把菜单交给她来点菜。

有一天晚上10：00，我接到了小天的电话，电话的另一端，小天哭得很伤心。我问她怎么了，她却哭得更厉害了，边抽泣边说：

“我被分手了，他居然说我没意思，什么事情都让他选择，说我一点主见也没有，和我在一起太累了。我有吗？让他做主，不是给他机会表现嘛，我只是不喜欢做主，这样也有错吗？”

我听完小天的话后一时语塞，不知如何应答。

可悲的不是她被分手了，而是她对自己的“差不多”毫无意识，还认为这是她的性格：你爱我，就必须接受。而且她还认为这不能构成分手的理由。殊不知，她的“差不多得了”已经影响了她的生活。

每一个成功的人都不是“差不多得了”的人，所有的精益求精、不断学习都是为了成为更好的自己。

差不多，其实是差很多。

03

提到演员蓝盈莹，大多数人会想到她的多部影视作品，但她不仅仅是位演技卓越的演员，更是一位德才兼备的才女。

生活中的蓝盈莹喜欢弹琴唱歌，她录制了很多首自弹自唱的曲目，声音清脆洪亮，很多人都说她是被拍戏耽误的歌手。工作日的化妆时间她用来学习英语，一坚持便是几年。每一条拍摄，她都要求自己做到更好，为此她时常与导演反复沟通，反复拍摄。演员之路，并非每个人都能够走得通，走得顺，多年的默默努力，换来了如今的蓝盈莹。

“但行好事，莫问前程。”这是我很喜欢的一句话。我们不知未来会走向何方，但至少在此刻，我们可以把握当下的很多东西，去想、去做、去拼搏。

刚开始写作时，我从没想过我会写到何种程度，会取得怎样的成果。我会不会出书？我会不会以此改变很多东西？那时的我从未想过这些，那时的我只想写好文章，出于喜欢，出于爱好。

过去的一年，我写下了 30 多万字的文章，这是我不曾想象的。要知道，小时候的我，写一篇周记都需要思考许久。写文成了我工作之外最重要最牵挂的一件事情。

每一篇文章从构思选题，到整理素材，再到编写校对，往往需要花费两三天的时间，但我却乐此不疲。为了更好地表达，更完整地阐述，我会不断斟酌和修改，直到文章达到自己满意的程度。

如果我们都在这条路上抱着“差不多得了”的心态，那么我们便不会坚定地走下去，所以只有奋力一搏才会有成功的可能。

04

你以为“差不多得了”是中庸之道，既不会伤害别人，也不会殃及自己？你以为“差不多得了”是为人处世的法宝，是对别人表示尊重？你以为“差不多得了”只是一句口头禅，即便这样做也不会有人在意？

你的差不多不仅在摧毁自己的生活，也在影响着你周围的人，当局者迷，但旁观者并不傻。

小事难得糊涂，大事必须重视。所谓小事，可能是指一些无伤大雅的事情，不必太较真，但不较真不代表随大流、完全没主见。而后半句是指在大是大非面前要有担当，不和稀泥，要有自己的主意。

我们做事情应对自己有些要求，努力做到更好。

是时候该和“差不多先生”郑重道别了，风雨兼程的路上，我们都需要披荆斩棘，而不是差不多就好。

人生最大的遗憾不是失败，而是我本可以

说起后悔的事情，我想我们都可以列出一些。

一件心爱的东西与自己错过，我们会后悔为什么没有紧紧抓住；一次很棒的学习机会我们放弃了，我们会遗憾为什么没有去试一试；自己最亲近的人没能见到最后一面，我们会懊悔为什么没能多陪陪他们。

我们之所以会觉得遗憾和后悔，是因为我们再也没有机会去弥补、去尝试、去重新开始。

最大的遗憾不是错过也不是失败，而是我本可以。

01

阻挡我们前行的，也许就是我们自己。

我一直觉得自己是个很尿、很胆小的人，害怕很多东西，也害怕失去很多东西。人生的前 20 年按部就班，一直活在自己的小世界中。我总是刻意地让自己规避一些风险，在可控的范围内才去寻找可能性。久而久之，我早已忘记了什么是突破，什么是拼尽全力。

我开始变得越来越抗拒改变，越来越不愿意改变，希望在这样一

个舒适的圈子里一直待下去。

但我们都知道，舒适区的生活待久了，我们会习惯安逸，也会丧失努力的能力。即便我们想改变，也早已没了勇气和毅力。

生活一天天地重复着，日子一天天地消遣着，看着周围人的进步，看着原本自己也可以实现的心愿，却因为自己的故步自封而丧失了机会，我们会懊悔，会责备自己为什么没有更努力一些。

其实，阻碍我们前行的人正是我们自己。

我们输给了胆小，输给了犹豫，也输给了原本可以做到的那个自己。

02

有时候，执着和坚持大于选择。

昨天晚上，一位正在上初三的小妹妹找我聊天，她向我诉说着自己的困惑。

她的学习成绩一直不错，但距离理想的高中还有一定的差距。离中考仅剩下一个月的时间，她很犹豫要不要拼一把，那所理想的高中离家很远，而且她担心自己考不上。

听着小妹妹的诉说，我的思绪回到了我的中学时代。和她很相似的是，当年的中考对我而言也面临着一个选择，考重点中学还是留在本校直升成了我的难题。

我是个天性求稳的人，即便面临大家都在冲刺的中考，我仍旧选择了一条看似稳妥的路，我留在了本校的高中读书。

这件事在当时，我并无太多的感受，但多年后的现在，我时常会觉得遗憾。不过，那三年的高中是我中学时代最满足、最快乐的时光，认识了很多朋友，也学到了很多让我受用一生的东西。

但我依旧遗憾。如果我将命运交给中考，如果我去努力一把，奋力一搏，会不会考上重点高中？会不会少一些遗憾？

至少我拼过。我遗憾的是我放弃了可以尝试的机会，放弃了可以努力的未来。

这在我的人生中只是一次小小的选择，但我从此明白，有些事情只有一次机会。我们都不知道结果，但我们知道自己可以去拼、去闯，这就足够了。

在很多时候，我们的选择不是最重要的，重要的是我们心底真正渴望什么。长大后渐渐明白，结果有时候没有那么重要，让我们真正怀念的不是收获结果时的喜悦，而是那个拼尽全力完成心愿的过程。

那样的自己，真的很酷。

当我们选择去完成一件事的时候，我们需要给自己足够的信心和信念，去克服这个过程中的阻碍和困难，坚持和执着在此时比任何事情都显得意义非凡。

03

我们都知道，越努力，越幸运。

小妹妹最后对我说了一句话 :“流过的泪，都是为将来铺下的路。”

我很喜欢这句话，这像极了现在的我，我在 26 岁那年，开始学习新媒体。很多人说我错过了红利期，也错过了成长期，现在做公众号很难发展，写新媒体文不太容易成功。

但何为成功呢？出书？签约？还是日进斗金？对我来说，写作没有成功的说法，它能够给我带来快乐，能够对别人有帮助，就是最好的回馈。

我知道，很多事情需要一个标准去评判，但当我走在这条路上的时候，我便已经成功了。我不在乎自己是否会成为别人眼中成功的样子，但我相信，所有的努力都在让我向着更好的自己去靠近。为此，我依然在前行。

每天再忙，也要读书、记笔记。我要读更多的书，看更多优秀的文章。为了把公众号运营好，我开始学习新媒体知识，学习产品运营、新闻传播。

我知道，风雨兼程的路上，只有拼尽全力才能让我收获更多。我很开心，我在进步，虽然很慢，但我很知足。至少我还在前行。很多年后，当我回忆起这段岁月时，我一定不会遗憾和后悔。

我想起了《一个人的朝圣》中的主人公，他从自我怀疑地上路到最终完成了目标，一路上，他在前行中给予自己力量，也受到很多鼓励。越努力的人越幸运，但比努力更重要的是相信自己。

我很喜欢书中的一句话："最痛苦的事，不是我失败了，而是我本可以。"

当我们义无反顾地去做自己想做的事情时，我们会感谢那个努力的自己，感谢那个没有放弃的自己，我相信我可以，所以我要加倍努力。不为其他，只为做件让自己不后悔的事情。无论多少岁，我们都需要去相信，我可以。

这个世界上有很多的不确定和不可能，但比起完成它们，更酷的是我们勇敢地走出的第一步，是我们不惧未来的那份执着和坚持，是我们赋予自己的信念和力量。

这或许就是努力最好的定义：我可以，并且我正走在这条路上。

但行好事，莫问前程。

有所期盼的生活更有意义

一次，我与父亲在晚饭间聊到了一个话题：谁的童年更快乐些？

讨论的结果很明显，父亲的童年似乎比我的要更快乐。这个结果从何而来呢？父亲的童年可以追溯至 20 世纪六七十年代，那时候的孩子玩具都很简单：扔石子、弹弹珠、打陀螺。家里别说电视了，连台收音机都没有。孩子们经常聚到一起玩耍，从白天到黑夜，乐此不疲。

由此，我想到了《请回答 1988》的结尾处有这样一段旁白，大致是说：站在如今的角度，回望我们的青春，没有手机，没有电脑，一天 24 个小时，想想都不知道是怎么过的。每天都觉得日子很长，有做不完的事情，但如今却是如此怀念。

我的童年比起父亲的童年来，物质方面算是极大的丰富了，但精神方面却有些匮乏，不过细细想来，还是有一些值得怀念的东西的。

那时候，我最喜欢的食物要属校门口一块五的幸运干脆面和一块钱一大包的辣条。每天下课，我总喜欢拉着小伙伴飞奔到校门口，隔着学校的栅栏把钱递给小店的阿姨，换取心爱的零食。

隔着袋子把干脆面用手使劲儿地捏碎，再撒上作料，你一口，我一口，好不开心。

那时候，女孩子最喜欢的游戏是踢毽子，男孩子则是扔沙包。我们喜欢自己做这些小玩意，把塑料袋剪成一条一条的，用橡皮筋扎起来，安上一个底座，便制成了一个简易的毽子，既美观又耐用。

下了课，放了学，一群小伙伴扔下书包，跑到学校的操场上围成一个圈，拿出自己做的毽子，五颜六色的，你一脚、我一脚，可以踢到爸妈来学校找我们的时候。

那时候最盼望的事情，是一年一次的春游。每当老师宣布本周五春游的事宜后，就看到所有的小朋友开始欢呼雀跃，放了学，成群结队地跑到超市去买零食，每天盯着天气预报，盼望着周五千万不要下雨。

春游前一晚，必是很多小朋友失眠的夜晚，看着墙上的钟表嘀嗒地走着，恨不得马上就天亮。还记得那时春游的零食总是有几样标配：薯片、鸡蛋、菠萝面包、香蕉和苹果，还有一瓶汽水。

那种简单的快乐，从高中起就渐渐地消失了，不知道是年龄长了，没了幼稚的心智，还是想的多了，没了什么盼头。

现在才发现，那些让我们快乐的感觉，是因为我们有所期盼，有所追求。

01

人活着的终极目标是为了过好的生活，过有些盼头的生活。

现在很多人都在感慨，生活咋这么苦呢？每天除了工作就是工作，就算出去旅行，也是人挤人，完全放松不下来。

盼头这个东西说大便大，说小也小。打个比方，我们小区门口卖煎饼的老大爷每天清晨 6：00 出摊，晚上 8：00 收摊，有一次我买煎饼的时候和大爷聊了几句。

大爷说："我退休十几年了，以前在家闲着，生了场大病，后来家里人鼓励我出来做点事。这不，我就支了个小摊子，卖起了煎饼，每天能准点出摊，把今天的煎饼给卖了，我就很开心。"

卖煎饼这件十分普通的事，成了这个老大爷每天盼着的事，有了可以盼的事，快乐也就变得简单了。电影《怦然心动》中，小女孩朱莉最期待的一件事，就是每天看到自己的心上人布莱斯。这件事伴随着她的整个青春，甚至是童年时期。

小姑娘 7 岁那年，在家门口初遇布莱斯，从此便坠入了爱河。她的心中有一个憧憬，便是得到布莱斯的一个吻，这个盼头让这个小姑娘有了希望。

盼头这个东西还是要有的，它无形中会给人带来一些向上的力量，让你向着那个盼头做出一些改变或是努力。

02

不知道现在孩子的童年是怎样的，好像多了那么些个电子产品，人手一个手机，各种新闻资讯扑面而来。

有一次，在公交车上，听到几个像是高中生的同学在聊天。聊的内容记不太清楚了，只记得他们说了这样一句话："哎，今天晚上写完作业玩一局游戏啊，10：00 上线。"

这可能就是现在 00 后一代孩子的青春，电脑游戏成了他们的娱乐活动，少了群体性的活动，喜欢运动的男孩子可能偶尔还会打打篮球，大多数的孩子早已把自己的世界缩小到巴掌大的手机上。

他们再也不会有那么多渴望的事情，比如一年一次的春游，比如盼着很久能吃到一次的肯德基。

盼头对于他们来说可能太遥远，太陌生。小时候的快乐之所以简单，可能是有了那么一个盼望的过程，有了这个过程，就有了坚持下去的动力。

有次在堂哥家，看到10岁的侄女拿着平板在玩消消乐，我问她，怎么不出去和同学玩啊？

侄女抬起头看了我一眼，有些惊讶地说："和同学有什么好玩的，在学校天天见。"

我有些诧异。

很多人已经没了对生活的盼头，每天从睁眼到闭目，也不知道自己做了啥，干了啥，就觉得一天很累、很烦，没有收获。想想，明天的日子和今天的还是一样，无奈感油然而生。揉揉眼睛，睡了过去，一天就结束了。

这样的生活不知是时代的进步，还是人类的悲哀。

03

之所以说人需要些盼头，是因为此话并非只是一句简单的鸡汤语录，对此，我深有体会。

在没开始正式写作之前，我曾经迷茫过很多年，不知道自己究竟喜欢些什么，每天看似按部就班地工作和学习，但总是不知道为什么要做这些，感觉不到任何快乐。

现在的我将读书写字作为自己每天的一个小盼头，千万别小看了这个盼头，有了它，知道每天该做什么，有点小奔头，有点小成就感。写完一篇文，读完一本书，看完一部电影，都是一种进步和学习，今天盼着明天的学习，日日盼着自己更好，这便是有了盼头的好处。

有了盼头，人就像是有了精神头、有了精气神，不会再如迷途的羔羊一般，到处乱寻。有了盼头，你便不会再问自己，我明日要做些什么，我未来要做什么。

人，还是要有些盼头的。至于如何盼、如何做，全凭你自己。

打破魔咒，才能重塑自我

01

“对不起，我们想择优录取，您的能力还不足，抱歉。”

这是在我大学毕业求职那年，听到最多的一句话。大四那年，和很多同学一样，我们拿着复印好的简历四处参加校招会，薄薄的一张纸上，写满了我们的所有“成就”，恨不得把普通话证书也加在上面。

在求职过程中，遇到一家在我们本地算得上垄断行业的大型企业，福利待遇优厚。很幸运，我得到了他们初试的机会，电话那头，他们的话语亲切有力：“请带着您的双证和简历，到我们公司面试。”

我精心准备了简历，重新设计排版、打印，化好妆前往他们公司面试。与我同一时间段面试的还有 4 位，面试前我们彼此没有过多沟通，只是在填写的资料表上看到了他们的学校。

我的面试排在第三位，面试官把我的简历放在一旁，问了我一些问题，比如在校的业余活动，除了学习之外，有无其他的涉猎，等等。面试持续了 5 分钟便匆匆结束，接下来便是漫长的等待时间。

三天后，我没能等来复试通知，抱着不死心的态度，我尝试给他们公司打了电话。最终我才得知，不是我不够好，而是有比我更合适的人选。无论是毕业院校还是所学专业，重点大学毕业的同学都要更合适。

这是 HR 对于重点大学同学与普通大学同学的认知，有些扎心。但仔细想想，作为面试官，在面对完全不了解的两位同学时，他们的判断依据便来源于毕业的院校，虽然比较片面，但这就是社会的现实。

是不是所有大型企业都是如此，我们无从得知，但名校毕业的同学势必会让面试官更青睐，势必会得到更多的发展机会。

02

最近一直在刷新一季的《最强大脑》，与前几季不同的是，这一季采用的是百人淘汰制，100 位优中选优的强者经过层层选拔，最终只有 30 位获胜者。

他们除了拥有同样过人的智商外，更加统一的是，在进入选拔赛的 100 人当中，百分之百是名校生。名校赋予他们的不仅仅是头上的光环，更多的是强大的思辨能力与综合素质的结合。

这些无论在求职中、职业发展中、教育子女中都发挥了重要的作用。这也是为何众多名企会将橄榄枝伸向名校同学的原因。

近一段时间，收到很多学生读者的消息，他们面临的最大困扰是：觉得自己的未来一片渺茫。看着高中的同学都进入了好的大学，发展越来越好，身边的同学也有了自己的目标，而自己整天浑浑噩噩、不知所措。

这是我们的通病。

其实，真正让我们错失机会的不仅仅是学历或是毕业院校，而是我们的自主学习能力。在中国，大多数的同学都处在普通的大学中，有专科，有本科。但即便在大环境相同的情况下，仍旧有出类拔萃的人，他们和我们有何不同呢?

很简单，他们对自己有清晰的定位，做着更多的事情，让自己更具有竞争力。这个社会，从来不缺有学历的人，真正缺的是会学习、能创造价值的人。前提是，我们要让自己成为一个有价值的人。

所谓价值，则是根据自己的定位和实际情况来衡量的。

03

名校的毕业证只不过是一张入门的通行证，但如果没有，我们需要的是不断地充实自己，让自己成为不可替代的那种人。

我深知自己属于后者，天资不聪颖，天赋也不高，学历一般，能力更一般。但那又怎样，有些事，不去做永远都不知道结果。

我们要认清自己的定位，着手让自己得到提升。

现在的我，每天仍旧坚持阅读一小时，保持两天更文的频率，让自己有更多的时间去阅读、看电影、写笔记。现在的我知道英语是我的硬伤，所以用挣来的稿费为自己报了英语课程，每天两个小时的英语学习时间。

现在的我知道自己的不足，开始学习新媒体知识，出去旅行结识更多优秀的人，向他们学习、取经。现在的我，更知道自己因曾经的懒惰而失去了很多机会，所以要更加努力，让自己变得更加优秀。学习更多未知的东西，比如手账、传播学、心理学，比如理财规划。

清晰定位、合理学习、懂得投资、学以致用，让自己成为更具价值的人。学历，只不过是我们的一个加分项，而不是决定项。

当现实支撑不起梦想时，我们该做的不是抱怨周遭，而是改变现状。

越是优秀的人越是努力，越是富有的人越勤奋，越是智慧的人越谦卑学习！当我们变得越来越好时才知道，自己原来也可以如此优秀，但如果，我们永远停留在既有的圈子里，看到的也便只有井口那么大的一片天。

现状局限了我们的发展，打破它才有可能获得更多的机会。

无论我们是否带着名校的光环，我们都是不可替代的独特个体，我们也不再畏惧“对不起，我们不录用二三本大学的毕业生”这句话。

把喜欢的事情做到极致

01

昨天晚饭后，我与老爸进行了一场“心灵上的交流”。

我们好像很久没有这么坐着聊聊天了，记忆中有好几个月的时间了。他问我：“觉得现在的生活怎么样？看你整天从早到晚忙忙碌碌，每天看书、上班、写文章，回家后上网课，觉得累吗？”

不知道为什么老爸会突然问我这个问题，问得我有些不知所措。停顿了几十秒，我盘着腿，正儿八经地问老爸：“如果是你，会觉得累吗？”被我这样一反问，老爸回答了我三个字：“我懂你。”

我们彼此交换了一个眼神，心领神会。

如果说这个问题要我仔细回答，我的答案是肯定的：累，非常累！之前和大家提过，我现在每天的作息基本上是从清晨 5：30 到晚上 11：00，除了吃饭睡觉工作的时间，我的其他时间基本上都在看书、码字和听课中度过。

有人会说，这样日复一日的生活你不会觉得无聊吗？每天看书写东西有什么用呢？能给你的生活带来什么改变吗？

其实答案很简单，两个字：喜欢。

好比你喜欢一个男生，让你整天在他身边，哪怕不说话，你都觉得心里是甜的；好比你喜欢追一部剧，从早到晚什么都不做，只看这一部剧，你也不会抱怨。

谈话中，老爸说了这样一句话："你的文章写得如何，自有喜欢你的人欣赏，但相比从前，无论是你的言谈还是气质，都发生了一些潜移默化的变化。"

喜欢，是坚持的动力，将一件喜欢的事情做到极致，则是一种魄力。

02

"把喜欢的事情做到极致"这句话，最先是从一个朋友那里听来的。在一次网课上，他分享着他写作的心路历程。

他从小喜欢读书和写作，在他看来，这是无关名利的事情。只是单纯的热爱，整个暑假都能看到他的忙碌：开写作班、办读书群、坚持读书写作。如果你问他相同的问题："你累吗？"

他会说："累并快乐着。"

在一次读书群分享会中，我记得他分享了一本《霍乱时期的爱情》，不曾想到，一个男生，能将一本关于爱情的书讲解得如此淋漓尽致，是那种让人听完有种共鸣的感触。不光这些，每次我们的周六分享会，大家都在竭尽全力地做好自己的分享准备工作，虽是一次小小的读书会，但足以可见每个人的热爱程度。

所以，我们所见的很多成功是将事情做到极致的结果。但他们都只是自谦地说一句："这并不代表什么，只是一个新的起点而已。"

看似云淡风轻的回答，谁人知晓他们身后的坚持。将喜欢的事情做到极致，不仅是一种魄力，更是一种精神。

03

所谓的下苦功其实就是三个字，一个叫下、一个叫苦、一个叫功，一定要振作精神——下苦功。

在我的理解中，下苦功也是一种将事情做到极致的体现。

所谓“下”，是执行、做的意思。光说不练，那是假把式，这个“练”字，需要我们树立目标，明确方向，按照计划去执行，才能称之为练。这个练习分为按部就班，一步一个脚印来做。有刻意练习，针对自身的薄弱环节，着重训练。当然也有技巧练习，在熟练的基础上，找到适合的方法加强巩固。

所谓“苦”，当然就是能吃苦，能坚持。这个苦，并非身体上的折磨，并非头悬梁，锥刺股。这里的苦，更多的是心志上的磨炼，看谁能扛得住，看谁能挺得过去。

那些能成功的人，并非他们多聪明、有多高的学历，而是看谁能坚持到最后一刻，吃得下这些过程中的苦。

以我自己为例。小时候学习手风琴，那叫一个遭罪啊。40 多斤的小身板背着沉重的手风琴，每日重复地练习，一首曲子能练上一个月，苦吗？真苦。别的小朋友放学出去玩，我们班留下接着练琴；别的小朋友昂首挺胸，我们整日弓腰驼背。但也正是因为这些苦，让我们受益匪浅，且不谈我们在音乐上取得了何种造诣，6 年的苦练塑造了我们独一无二的精神品质。

这便是吃了苦的成效，不是没有作用，只是你吃得下那份苦吗？

回到下苦功上来，“功”便是一种内修，简单点说，是一种做事的方式方法。当有了执行力，有了吃苦的能力，我们便要寻求适合自己走下去的途径，避免少走弯路。昨天，看到一位宝妈记录的手账文章。从喜欢画画，到记录手账，这位宝妈在孕期从未间断这项“工作”。

现在的她，准备创立自己的品牌，获得了出书的机会，但她依然在每日坚持做着自己喜欢的事情，忙碌成为了她的乐趣。

将喜欢的事情做到极致，不仅是一种精神，更是一种自我的成就。

被誉为“韩国阿甘”的电影《马拉松》中有这样一个场景，自闭症的儿子总是自卑，受到周围人的嘲讽。他热爱跑步，有一次，他在练习时，将自己想象成了一匹斑马，驰骋在草原上。他眉头舒展，开怀地笑着，像箭一般弹射出去。他享受跑步带给自己的快乐，他不觉得累，也不觉得自己是个怪孩子。

喜欢一件事，哪怕你在别人的眼中是另类，也不要放弃。原因很简单，因为喜欢。

你问我，将喜欢的事情做到极致是一种怎样的体验?

我现在可以明确地告诉你：真的很爽!

不放手，就是对困难最好的宣战

01

在知乎上看到一个问题：人生遭遇绝境时该怎么办?

有一条留言这样写道："可以怀疑人生，可以狂哭发泄，但请记得擦干眼泪，继续走。"

小时候写作业，我有一个小习惯。每天起床我就搬着小板凳，坐在阳台门口开始写，先把最难的数学写完，剩下的慢慢写。当时，很多同学都到了假期的最后一周开始赶作业，一个暑假的作业在一个星期内完成实在是困难，于是他们开始夜以继日地赶进度。

小时候，不懂得什么道理，现在想来，我们遇到的很多事，包括生活中遭遇的最糟糕的事，好像都是这个道理。

越绝望，越难熬，越不能放弃。唯有坦荡直面绝望，用全部的精力和时间去消化它，继续走下去，才能摆脱痛苦。

02

生活中，我经常会听到这样一些话。

“这太难了，我肯定做不到。”

“这下糟了，没人帮我，我该怎么办？”

我们总是习惯用最坏的心态面对一些问题，但事情过后我们会发现，其实没什么大不了的。地球照常运转，我们仍旧一日三餐，吃嘛嘛香。那些看似难熬的日子，都已成了过往，我们此刻的心态已经发生了改变，全然没有当初那份恐慌。

曾经有一位读者向我寻求意见，他是警校学生，然而自己却不喜欢这个专业，上警校是父母的意愿。为了改变现状，他花了几个月的时间考过了托福、雅思，并且自学了日语，准备去日本留学。

但现在他走到了人生的死胡同，他的决定遭到了父母的反对。他觉得自己的未来没有任何希望，以后将会做着自己不喜欢的工作，想拥有的生活无法实现，他甚至说“这样的人生宁可不要”。

从字里行间中可以看出，男孩感到很绝望，在人生的大起大落中，他透支着自己的希望。

那些因为一些磨难钻进死胡同的人，再多的道理和人生经验对于当时的他们来说都是无用的。之所以有许多人因为种种磨难自暴自弃甚至放弃生命，是因为事情本身在他们的眼界与格局中可能已是天大的事，而在我们或以后的他们眼中看来，不过都是些微不足道的小事。

和那些能够熬过绝望期的人相比，他们的心态缺少某种自我调整，或者说他们没有意识主动去调整自己的心态，而是让情绪自由发散，最终陷入情绪的陷阱中难以自拔。

请记住，越是绝望越不要放弃，雨后才能见彩虹。

03

小时候，我自己也经历过绝望的时期。

我患有先天性髋关节脱位。生病的那些年，父亲带着我跑遍了全国的医院。在我的记忆里，我每到一座城市，最先去的便是医院，其次是顺便的游玩。

去往如此多的医院，目的只有一个：寻求最理想的手术方案。记得有一次，父亲听说北京的一家医院有一位这方面的专家，做了很多例这种手术，成功率很高。

父亲带着一线希望，准备动身前往北京。出发前，大伯给父亲打来电话，告诉了父亲一个噩耗。大伯在医学报刊上看到一则新闻，这位老教授发生了意外，刚刚去世。

我的记忆已有些模糊，但我知道，那时父亲哭了。这位医生有可能是我最后的希望，但现实的大门却狠狠地关上了。父亲不怕花钱，但最怕的是，连治愈的可能性都没有了。这样的事情，在求医问药的那些年，我和家人不知道经历了多少次。我承认，我也没出息地哭过很多次。

抱怨生活的不公，抱怨因自己的身体而失去的东西，我痛恨过生活，也无数次地埋怨过。但我始终坚信一点：这不是什么大不了的病，即便没有最理想的手术方案，也可以用其他的方式代替。

日子要过，路也要继续走。

因为我知道，我不能垮，家人所有的关心和担心都是因为我，我不能让自己消极。如果我放手了，所有的坚持都没了意义。所以，我习惯了乐观也习惯了坚强。

现在，我手术两年了，很健康，也很知足。

我庆幸，所有爱我的人没有放弃；我更庆幸，自己没有放弃。

04

电影《七十七天》中有一段女主角蓝天坐在轮椅上歇斯底里地抱怨生活的桥段。

那时候的蓝天是绝望的，面对自己热爱的事业、热爱的天空，她只能坐在轮椅上度过下半生。没办法正常生活，甚至连一个女人该拥有的她都无法得到。她用乐观和微笑去假装告诉别人，生活还是很美好的，日子还是很精彩的。

但为何蓝天依然要选择如此痛苦地活着？

因为她的心里还有一分希望，因为她的心里还存在着美好的向往。如果死去，她连叹息的机会都没有，更别说最后学习驾驶，依然追梦的故事了。

面对绝望，我们会有很多答案，也有很多出路。

工作压力大，存款四位数，父母催婚，女友催房；

前途迷茫，不知去向，羡慕别人，自卑自己；

家人生病，家徒四壁，失恋伤心，遭遇变故；

……

我们的生活，总是好一阵、坏一阵地以“螺旋方式”前行。有些事，遇到了就遇到了，总有那么一段觉得走不过去的路，漆黑恐惧。但是，打开手电筒看着脚下的路，一点一点地往前走，也许我们会被石头绊住脚，被虫子咬上一口，但当我们再次抬头时，会发现出口就在前方。

原来，我们也可以走过来。

遇到绝望的时候，不要走那条死胡同，多给自己一些力量。难过，就大声哭、放声喊、用力吼，但千万别放手。握着手电筒一直走，路总会走到头，天也总会亮起来。

就像写文章一样，我从未停过笔。

日子怎么过，全凭自己把握

说实话，写下这个题目的时候，脑子里“翻江倒海”出许多素材。但真正要为生活下个定义时，我又不知道该如何提笔。

生活是复杂的，一篇文章怎能概括清楚呢？

小时候的印象中，大人总是喜欢强调“生活不易啊”。

长大后，才理解这句话的内涵，所谓的“不易”，更多时候来源于我们的精神疲倦。简单来说，小时候可以按照自己的方式去生活，长大后大多数情况下身不由己，于是感觉身心俱疲，两眼无光。

有一个小品中提到了何为生活。小品中用一句话概括：生活生活，生下来就得干活。这话糙不糙？是真糙。但也的确有道理，这个干活，有为自己干的，也有为别人干的。说小点，是为了一日三餐、精神富足；说大点，为了幸福生活而奔波，为了富国强民而奉献。

总之，生活的确是个不易的事儿。

卢梭说过这样一句话：“在人的生活中最主要的是劳动训练，没有劳动就不可能有正常人的生活。”

想想我们平时的生活，的确是充满着各种劳动，学生时代，为了考学，做着学习的“劳动”，学上完了，开始为了生存，从事着工作劳动。好不容易熬到了退休，开始为第三代劳动。直到两眼一闭，这世界终于清静，开始享受生活，只不过在另一个世界而已。

这些便是前人的总结和现实的写照。

01

从前读书的那些年，我总是个“默默无闻”的人。每学期开学，老师总会让大家自告奋勇地竞选：“哪位小朋友愿意竞选咱们的班干部啊，当班干部可以为小朋友们服务，还可以得到更多的小红花哦！”于是，很多小朋友争先恐后地参加竞选。

那时候真的很天真，以为当上了班长就会受到全班同学的喜欢，得到数不清的小红花，简直太美好了。但就算出于这种“诱惑”，我也没有参加竞选，可能骨子里就不喜欢，我更乐意当个平民，不争不抢。

多年后我上了大学，我爸和我聊过一个话题，他问我为什么在学校不喜欢当班委，当班委不仅能够锻炼自己，还能有更多的发展机会。他总想让我成为一方的管理者，具有一定的话语权，好在这个弱肉强食的社会中拥有一席之地。

看过乐嘉描写性格色彩的人都知道，人的性格分为 4 种颜色，而我就属于典型的黄色性格。天生不喜欢争夺，不是不屑，而是不喜。

和朋友玩狼人杀的时候，每每抽到“杀手”这类与我性格不符的身份时，我总是下意识地回避，好像只有自己置身于平民世界中，才有种与世无争的感觉。因为这种性格我没吃过大亏，但也没占过大便宜。

记得我大学时竞选党员积极分子，当时的我没有想过当上党员有何种好处，只觉得参加便参加。抱着这种心态，我自然没有竞争过平日里喜欢争上游的同学。因为这件事，我被周围的朋友劝过好多次，他们认为有些事该争还得争，因为机会就那么几次，你每次都表面上无所谓，最后真的成了无所谓。

我深知我的性格想成为“积极分子”，可能真的很困难，但认清生活的本质后，还是有心改变了自己的行为方式，现在的自己已经不像曾经那么保守。

生活有时并非如你所愿，有时需要做些妥协。

穿衣服要舒适美观，先是舒适再是美观，穿鞋子当合脚且百搭，先是合脚再是百搭。日子也是一样，先是为自己去活，再想着为生活做些改变。

02

我所理解的生活，是要学会创造。

有的人听到“创造”这个词，觉得实在太大，创造应该是“积极分子”做的事，创造价值，甚至改变生活，实在是个庞大的事业。

但也并非这样。创造，可大也可小。

比如，我加入读书群后，每天在群里分享一首歌曲，分享得久了，成了我每天的一个习惯，并没觉得有什么特别的。但偶然间，听到群里的朋友对我的赞赏，每天都在等着我的分享，并且把歌曲植入自己的公众号中。顿时，分享歌曲这件很小的事情有了不小的成就，这也是种创造。

在无形间为自己，或者为周围的人带来了一些快乐或引起了共鸣，这都属于创造的范畴。我自知我不是个高尚的人，但偶尔做些高尚的事儿，去创造些什么，我还是很乐意的。

此种创造没有定义，也没有具象化。总之，让自己高兴或者让别人开心，都算是一种高尚的创造。

你没事给家里添束花，家里也就多了些生机；没事做顿饭，不管味道如何，你创造了烹饪的乐趣；没事约朋友出去转转，也许她正巧心情不好，你偶然间舒缓了她的坏心情，这也是创造。

03

我所理解的生活是让自己高兴，做我乐意做的事。

我没有什么崇高理想，也没有远大抱负。家人平安，养活自己，朋友三两个，自己开心就好。生活中有太多时候需要去演戏、去伪装，为了讨好一些人，为了得到一些东西。有些人可能时日久了，就习惯了。

但我不想做那个刻意迎合的人。我承认，社会需要这样的人，擅长这样做的也的确大有人在，生活有时把我们挤到那个墙角，让很多人不得不做出那些让自己别扭的事情。

我也承认，夸赞和迎合有时可以为自己带来一些好处，但并非长久之计。无论是交友还是工作生活，愿意和你做朋友的人，愿意和你共事的人，绝非为了听你说几句好听的话。吸引别人的还是你的人格魅力或是有利可图。

与其这样，不如活得自在些，适当的赞美便可以，过了就显得假，谁都不是傻子，掩耳盗铃没有意义。

让自己开心，多做些讨自己欢心的事，比刻意迎合这个社会更重要。

04

我所理解的生活，是向着我喜欢的一切靠拢。

这句话很好理解，喜欢什么就去做什么，前提是不要违法乱纪，害人害己。

你喜欢旅游，总是担心有钱没假期，有假期没钱。一年过去了，你还在原地想着，动都没动；你喜欢吃麻辣烫，担心没人陪，自己太孤单，一周过去了，你还在想着麻辣烫的味道；你喜欢一个女孩，担心搭讪被拒丢人，在你犹豫的时候女孩已经走了。

喜欢什么，就去做。喜欢旅游，那就努力工作，攒够了钱，凑够了假，出去便是；喜欢吃麻辣烫，下了班就去，哪怕没人陪，自己吃着也开心；喜欢一个女孩，想要微信那就去，最坏的结果不过是被骂一句，但说不定就成功了。

前两年，我特想学吉他。说实话，那时候不是为了耍酷，是打心眼里想学。于是，我就买了个入门吉他开始自学。手指磨破了几层皮没啥，最重要的是我学会了，虽算不上什么弹得好的，但足够让自己满意了。

你说生活容易吗？是真不容易。但不容易的生活，我们可以想方设法让它简单点，乐子是自己找的，烦恼也是自己寻的。日子怎么过，生活成啥样，全凭自己。

这便是我所理解的生活本样。

想去北上广深，先让自己更具实力

01

年初时和一个朋友聊天，聊到了工作与理想这个话题。男生大学是计算机专业的，当时就职于老家的互联网公司，收入稳定，没有太多竞争。

但朋友认为眼前的生活与工作被禁锢了，看似无忧无虑，但每天都像是温水煮青蛙，垂死挣扎地前进着。朋友喜欢动漫，平时没事参加各种动漫展，有心朝着这方面发展。

我问他："你想过接下来的发展吗？"

"想过，我想去上海。看了一些相关的公司，正在准备投简历。"

我问他："你是一时心血来潮，还是早有准备？"

朋友的回答让我吃了一惊："做准备了，一直在学习，等时机成熟就去上海。虽然不知道未来发展如何，但毕竟年轻，还是要为梦想努力一把。"

现在，这个朋友已经在上海工作三个月了。从刚去上海时的迷茫，到现在成为正式员工。前几日，朋友和我说在上海的几个月吃了不少苦，但现在的自己好像找到了方向，虽然没有老家安逸，但却过得充实。

02

这些年，大学生已然成为了没有含金量的代名词，每年的 6 月，都会有一大批应届毕业生来到北上广深求职，仔细想想，来到这里无非这几个因素：发展机会多，福利待遇好；结识更多朋友，开拓更广的眼界；提升自我优势，追求物质满足。

这些缘由中，有些是对自我高要求的表现，有些则是物质化的体现，我们不应排斥因为任何一种原因来到北上广深的人们，毕竟都是通过努力在实现着自我的价值和理想。

在都市中，有自己的一席之地，有自己的一个小家，是所有在都市中打拼者的心愿，有些人可以如愿以偿，但有些人却望而却步。有人向往大城市的生活，拼了命地搭上去往都市的列车；有些在都市工作了多年的人，选择了回到家乡，择一份薪水不高的工作，娶妻生子。

当我们遇见了都市中的高楼林宇，幻想着梦想如愿以偿时，那些放弃北上广深的人们，为何选择返乡发展？

生活节奏快，物价居高不下；竞争压力大，幸福指数趋低；身体过度劳累，精神高度紧张。

没房、没车、没户口。

正如钱钟书先生在《围城》中写道：“城里的人想出去，城外的人想进来。”

我们终究生活在都市与小城的围墙之间，围墙外的人，羡慕着大城市的生活，认为那里是距离梦想更近的地方，殊不知都市中的苦恼。只是身不在其中，无法感同身受罢了。

03

我的小姨2004年去往上海，那时表妹还未满3岁。小姨那时30岁，厌倦了当时的生活和工作，希望追求更好的发展，她辞去了银行的工作，和小姨夫来到上海。我小学毕业那年，去小姨的出租屋里住了几天，一套不足30平方米的房子，在上海的闹市区中显得有些格格不入。

今年，他们已经在上海14年了。表妹也上了高中，并且有车有房。14年间，为了留在上海，小姨自考了本科，学习了英文，一个没有背景、没有学历的姑娘，就这样在上海扎下了根。

为何有些人可以在大城市实现理想，而有些人只能碌碌无为？

原因往往不在于你栖身何处，而在于你的态度。

有些人，20岁时心就死了，有些人，即便60岁也依然有思想、有灵魂。这就是对待生活的态度。

04

无论是北上广深，还是三、四线城市，梦想从不完全取决于地域，只要有心，在哪里都可以活得精彩。

身边的很多人有一个通病，工作时间上班，下班时间刷剧、上网、聚餐，周末宅在家里睡到自然醒，还觉得自己活得怡然自得。

另一些人，报了一堆又一堆的补习班，今天学瑜伽，明天学英语，而大多数也只是在健身房里自拍，在教室里发呆。

而还有一种人，从不向别人去诉说自己的梦想，也不会发相关朋友圈去炫耀。他们在默默地行动着、学习着，他们相信梦想从不是缥缈的，而是可以脚踏实地走出来的。

正如开头提到的朋友，他之所以能够在上海立足，并且觉得快乐，原因很简单，努力学习、理性抉择、保持热情、不怕吃苦。

北上广深从未对任何人关上大门，纵然有的人依靠关系平步青云，但更多的蚁族们靠的还是自己，没有人能够随随便便成功，想成功，首先让自己学会吃苦、学会忍耐、学会放弃、学会坚强。

不是大城市歧视你，而是你根本不够资格待在那里。

丛林法则，适者生存，这个简单的生物常识用在这里着实贴切。

你没有能力不要紧，可以锻炼；你没有背景不要紧，可以努力；你没有人脉、经验也不要紧，可以慢慢积累。但如果你没有学习的精神、没有吃苦的准备、没有竞争的意识，那我劝你不要幻想去都市生活了，因为你的现状，即便留在三、四线城市也依然碌碌无为。

成功永远留给有准备的人，做一个低调、努力、勤奋的人，生活必将不负于你。

学会控制情绪，是一个人成熟的表现

01

前几日和一位朋友相约，许久没聊天的我们准备找个安静的咖啡馆聊聊天。

一见面，便看到朋友脸色阴沉，出于关心我便问了她缘由。

朋友对我说：“你知道吗？怎么会有这么没素质的人，我刚刚走着走着，一个小孩踩到我脚上，我没想计较，结果那孩子的妈妈连句道歉都没有，甚至还问他家孩子有没有碰到。我新买的小白鞋啊，你看，都脏了。”

我安慰她，可能小孩淘气，不至于生气，就当他们没有素质。

朋友没再说什么，本以为我们能开始愉快地聊天了，但没想到，接下来的一个小时，朋友成了吐槽者，而我成了“垃圾桶”。她从最近的工作不顺利、领导让她频繁加班，说到和男朋友的事情，一件件、一桩桩，无不是在吐苦水。心情不好、感情不顺，想跳槽、想分手。

那天聊天结束后，我的心情也莫名地变坏了。

我们常常可见一种现象，一个孩子，他对于很多事物的判断力和着力点是出于本能的反应。比如：收到生日礼物时，他会开心地手舞足蹈；当他得不到自己想要的某样东西时，会号啕大哭；他被老师和家长批评时，会委屈地噘起嘴巴，等等。

这些现象发生在孩子身上，他们的情绪是自身最本能的回应，也是最直接、最客观的表达，所以我们经常会说，孩子是最真实的。

这些情绪的释放是我们在孩童时期会频繁出现的，但在成人的世界中，这样的状态并非直爽，而是不懂控制情绪。

越长大，我们越需要明白，情绪是需要控制的，这是我们逐渐成熟的一个重要标志。

02

控制好情绪，需要我们具备自我认知的能力。

我曾在一节情绪管理课中听到这样一个事例：一位四十多岁的女性，最近十分苦恼。原因是自己的丈夫升职成了公司的副总，这本是一件值得开心的事情，却成了她不愉快的导火索。

在她看来，老公升职后一是陪伴自己的时间减少了；二是男人一旦有了权力和金钱，受到的诱惑会更多；三是丈夫在进步，而自己却没有任何发展，担心自己被抛弃。

这些担心让这位女士陷入了深深的焦虑中。她开始变得暴躁，不愿和丈夫有过多交流，不做家务，也不愿意打扮自己。

这个事例中，可以清楚地看到，这位女士的情绪失控根源来自对自我的认知模糊。她带着固有的社会观点和自我的判断去评价丈夫升职这件事情，对一些尚未发生的事情加以猜测和推断。这将会导致结果的不客观和产生不必要的误会，让自己始终处于循环的苦恼当中。

所以，我们想要学会控制情绪最关键的是学会自我认知。

很多负面情绪的产生，是我们自己的强加判断，并非事实和将会发生的事情。能够保持理性的思维，在一些问题的思考上，跳出自己的世界去看待，会让我们有更清晰的认知。

在这个故事中，如果妻子可以这样思考：首先，丈夫是最亲近的人，首先应该相信他可以抵制诱惑；其次，应该给予丈夫支持和鼓励，做好家庭的后方保障；最后，不断让自己进步，从外到内，跟上丈夫的步伐。

她的焦虑都是一种不自信和不信任丈夫的体现，如果可以做到这几点，那么这位女士的焦虑情绪会减少很多。

没有人天生就懂得控制情绪。真正能干的人，能时刻留意着不让自己栽在坏情绪中。

03

学会控制情绪，需要我们找对方法去释放。

有一部分的情绪产生，是我们过度地压抑自己，没有得到充分的释放。糟糕的心情长久得不到有效的舒缓，会导致负面情绪积聚在体内，影响心情、影响健康。

我有一位创业的朋友，他每天的生活就是工作室和家，不运动也不旅行。每次看到他都是笑嘻嘻的，从不会向别人谈及自己的工作。他创业期间经历过几次波折，好在都化险为夷，但在最近一次的失败中，他所有的情绪一次性宣泄而出，他把自己关在家里，谁去看他，他就对谁发脾气，摔碎了很多东西，也不愿意听任何劝诫。数日不见，整个人憔悴了很多。

负面情绪，我们每个人都有，或多或少，原因各不相同。

但我们很多人会选择将自己的情绪进行隐藏，自我消化。这看似不会影响别人，但久而久之，会让自己更不堪重负。情绪需要控制，但控制中其实也包含合理地释放。当负面情绪产生时，我们要及时地去排解。

我们可以做些运动，听音乐，或者找别人倾诉。

每一次情绪的释放都是我们自我调控的过程，及时地化解会让负面情绪逐渐减少，始终保持在一个相对平衡的状态。当然，生活中仍有一些怎么都化解不了的情绪，那就只能交给时间慢慢溶解了。但大多数的情绪都是一些小问题引起的，我们可以释放，也可以得到很好的控制。

真正优秀的人以做事为主，无用的情绪摆在一边。控制情绪，才能取得更大的成就。

04

想学会控制情绪，需要我们和情绪做朋友，达成共识。

我们之所以会厌烦负面情绪，是情绪产生的一系列反应使得我们不悦。比如身体上的不适：头疼、乏力；又比如对行为上的影响：对人乱发脾气、做事不能集中注意力。

这些附加的东西会让我们讨厌坏情绪，其实呢，情绪本就是我们生活的一部分，包括积极的和消极的。我们想要战胜它，就要和它做朋友，把它当作一件平常事，用平常的心态去面对它，这样从内心中我们就不再害怕它的出现了。

不要过分关注情绪这件事，而是要关注产生情绪的原因。

我们为何会焦虑，为何会如此烦躁？举个例子，我们在面临考试的时候，尤其是大学的英语四、六级和考研这类考试，我们都会莫名地焦虑和紧张。看不进去书，做不进去题。

为什么会这样？原因也许是自己的基础太薄弱，担心自己考不过；也许是因为时间太少，课业太多，没有时间去复习和准备；又或许是我们太懒，总是拖沓。

这些都是我们焦虑的原因，找到了原因，我们就要问问自己，这些问题能不能解决。如果可以，那就列出计划着手去做，如果不能，就向有经验的前辈学习和讨教。

当我们能够回归到一件事的本质上，去正视、去解决时，负面情绪自然而然就会减弱，甚至消失，这需要我们去理解自己的情绪，你越不害怕它，它便越不会影响你的生活。

罗·伯顿说过："如果世界上有地狱的话，那就存在于人们的心中。"

很多的消极情绪是我们主观造就的，如果我们可以从自身去调节、去化解，那么负面情绪会越来越少，我们也会越来越快乐。

不是吗？

Part 3
收起你的玻璃心，谁的职场都不易

生活从来不会包容玻璃心，你遇到的委屈和磨难，都是让你成长的利器。职场更不会容忍玻璃心，遇到责难，眼泪上阵；遇到不顺，选择退缩，这是弱者的表现。心疼在职场打拼的你，但我更希望你在挫折面前，在异乡为梦想打拼之时，在面对职场利害斗争的时候，能擦干眼泪，继续前行。

在中国，有一半人是活在朋友圈里的

01

2017 年建军节，兴起了一股“军帽”头像热。20 世纪 50 年代的军帽、60 年代的军帽、大檐帽、五角帽，大家用这种形式表达着自己的爱国之情。

我的老妈也不例外，一大早刚刚上班，我就收到老妈的微信：“来，给你老妈修几张照片，我要发朋友圈用，记得点赞。”我当时正在忙，被老妈给逗乐了，真是时髦的老妈啊！我给她修了两张“军帽”照，5 分钟后，老妈心满意足地发了朋友圈，配上了一段爱国之词。

和万千人一样，老妈是活在朋友圈中的。我们的身边总会有这样一群人。

生病了，不是第一时间去医院看医生，而是摆好体温计，准备好自拍杆，虚弱地躺在床上，拍下一张“病入膏肓”的照片。或是将打着点滴的手拍下来，写下一段这样的话：生病的时候，才发现自己有多脆弱、多孤单。

闲暇的午后，在阳光下看一本书，可偏偏连一本书的扉页都没有翻开过，封面却出现在朋友圈里，一杯咖啡配上一句心灵鸡汤。和男朋友出门遛狗，大手牵小手，他在前方走，你在后方跟着，配上一句：喜欢你，就是这样和你一直走下去。

出门旅行，各种角度尝试一番，最后得到一张大自然的美照，景色都在朋友圈里。吃饭的时候，所有人在饭前都要架好姿势，美食照片在滤镜下诞生，味道都在朋友圈里。

朋友圈里的我们活成了另外一个自己，真实的生活也被锁在了朋友圈之外。

02

过去，我们生活的圈子很小。单位的同事、学校的同学、家中的亲人，一封信送去一份问候，见面一句“吃了没”拉近了彼此的距离。

现在，微信普及了，人们的联系更加密切了。不见面，透过朋友圈可以了解对方的生活，见了面，一张照片发布至朋友圈，也证明了我们的关系有多密切，再也不需要苦苦等待了。

我们的关系似乎更近了，但好像又更远了。

经常能看见朋友圈中的一些好友刷屏，今天早上起了个大早，锻炼身体；中午吃了份大餐，饱腹感满满；晚上和同事一起嗨歌，一群人的合照，笑得格外灿烂。

朋友圈，是一群好友的交际圈，恐怕腾讯在设计这个 APP 的时候，并未想到，用户的创造力是如此的惊人，我们赋予了朋友圈新的生命和活力，朋友圈俨然不仅仅是朋友的圈子，更是晒生活、秀恩爱的地方。朋友圈成了很多人的直播间，无时无刻不在记录着自己的点滴。

给我们朋友圈点赞的人越来越多，而我们的朋友圈却越来越小。小到已经忘记了和朋友相处的岁月，只能看着他们一张又一张的新照片。

上周，表姐在朋友圈里发了一条动态。大致意思是，她被带到了警察局，很是惊恐。看到这条朋友圈的人纷纷在下方留言，询问事态，询问姐姐的现状。后来得知，姐姐由于忘记锁门，被好心人发现并报了警，只是去警局协助调查而已，并没有受到什么伤害，大家松了口气，姐姐也对关心她的人表示了感谢。

朋友圈中折射的信息千姿百态，我们往往会忽略最重要的部分，比如亲人的一句安慰，朋友的一句抱怨。

03

活在朋友圈里的人，更多的是一种孤单的表现。在生活中往往有一些可遇不可求的东西，朋友圈能够在一定程度上填补那些缺失的部分，给了我们一个可以安放内心的地方。

现代人如果在生活中寻觅不到幸福感，便会将自己的感情寄托在朋友圈中。那是个虚假繁荣的地方，可能不会有人在乎你真正在想什么，在做什么，内容是不是真实的，是不是假装的。

在朋友圈待久的我们，渐渐地忘记了生活中的那些美好瞬间。我们会试图掩藏自己的情绪，把所有的喜怒哀乐呈现在朋友圈里。

试想一下，如果跳出朋友圈，我们的生活会怎样？

可以尽情地享受与朋友相处的时光，真正的友情无须一张照片替代；可以放肆地玩耍，领略一座城市的美好，用相机记录着城市的变迁，真正的风景无须一条到此一游的朋友圈。

生病了就及时就医，好好休息，真正关心你的人会陪在你身边，不在乎你的人，也不会因为你的一句脆弱矫情的朋友圈而突然降临。一份美食的乐趣是食物在唇齿间停留的感动，回味无穷，并非一张经过层层滤镜包装出的美食照可以取代。

美好的生活并不是一个小小的朋友圈给予的，而是在质朴真实的现实里逐渐发现的。那些可以闻见的花香、听见的乐音、看见的盛景和最亲爱的人，才是我们生活中真正的美好。

他们才是真实存在的幸福感，是我们触手可及的美好。

走出朋友圈，或许我们可以发现一个不一样的世界，会看见更多朋友圈里没有的精彩生活。

真正的幸福，不是乔装出的美好景象，而是我们用心去感受、用双手去创造的有色彩、有气味、有酸甜苦辣的生活。

只要你过得比我好，我就不开心

01

记得，我参加过一场朋友的婚礼。婚礼现场布置得格外温馨，朋友的老公全权负责，每一处细节都亲自把关。

因为我独自一人来参加婚礼，所以开席的时候我被分到了女方亲朋这桌。我落座的地方，有几个是朋友的大学同学，专程远道而来，参加婚礼。我们彼此不熟悉，简单地打了一个招呼后，再无互相深入了解的兴趣。婚礼开始前，朋友的几位大学同学围坐在一起，开始聊了起来。

偶然间，听到一个姑娘提高了嗓音，姑且称呼为 A 姑娘吧。A 姑娘和身边的同学说：“哎，你还记得吗？上学的时候她多普通啊，也不会打扮，也不交男朋友，整天就知道看书。咱那时候，都觉得她是最后一个结婚的。”

听着的这位姑娘接着说道：“是啊，是啊，但人各有命吧，你看看人家现在，嫁的这个老公又帅家境又好，对她多用心，看看这婚礼现场，布置得多浪漫。”

A 姑娘有些激动地说：“所以说，人和人真的是不能比。论条件，咱们哪个比她差？现在混得还不如她呢……不能比，越比越生气。”

此时，司仪上台了。伴着婚礼进行曲，朋友穿着一席白纱，缓缓而来。红毯的另一头，是朋友的老公，一身西装笔挺，温文尔雅。

A 姑娘口中的那位当年极其普通的“她”，便是我的朋友。我认识她的时候，她比现在要胖一些，戴着一副框架眼镜，不太爱言语，倒是很喜欢和我说话。我们是在同一座城市的不同学校，有时，她会骑自行车来学校找我玩。

我的朋友很喜欢看书，20 岁的年纪几乎看遍了市面上大多数的畅销书。在校期间，她考取了双学位。非英语专业的她，自考了雅思，毕业后进入当地一家培训机构任教，认识了现在的老公。

嫉妒这东西说好听点叫羡慕，说直白点，就是看不得别人过得比自己好。你过得比我好，我心里就难受，就会不开心。

02

我就是看不惯你过得好。

以前，我们起点一样，甚至你还不如我。多年未见，你却已貌美如花，我还是一盘豆腐渣；你迎娶白富美，我还在为首付奔波；你一步步地走向人生巅峰，我还在考虑下一份工作如何跳槽。

人与人的差距怎么能如此之大？

我不服气，打心眼儿里不服气。你怎么可以过得比我好，这是为什么？

有一个故事是这样的，一个穷孩子和一个富孩子同坐在一把椅子上，穷孩子特别羡慕富孩子脚上的那双鞋子，小巧玲珑的，别提多好看了。穷孩子想和富孩子交换身体，富孩子同意了，但前提是，需要穷孩子用自己十年的寿命作为交换条件。

穷孩子想了想，只要有了他的身体，有了钱，其他都无所谓了，于是欣然接受，二人交换了身体。富孩子成了穷孩子，从此过着无忧无虑的简单生活，而穷孩子摇身一变，成了富家子弟。当他准备起身，踩着那双鞋子走几步时，他发现自己被死死地困在板凳上，动弹不得，直至死去。

有时候，越是嫉妒，越得不到想要的东西。即便得到，也不是自己想象中的那般美好。

03

这个世界丰富多彩，有富人，就必定有穷人；有天生丽质的美女，就必定有灰姑娘；有怎么都吃不胖的瘦子，就必定有喝凉水都长肉的胖子。

你总想着这世界为何如此不公，为什么别人有的，我都没有呢？是我太不被老天偏爱，还是我上辈子造了什么孽？

这样的想法多了，自己也信以为真了。

总觉得那些过得比自己好的人，一定拥有了某些自己没有的本领，才可以平步青云，得来全不费功夫。这真是一个可爱的想法，换作是我，我也愿意不费吹灰之力实现人生理想。

我们都会嫉妒那些比我们优秀的人，但我们都忘记了这些优秀者背后的努力。羡慕本无对错，嫉妒更是正常，只要有人在的地方，就会有这些东西的存在。我们无法避免，也无法规避。

但我们可以改变自己。

在我们羡慕的时候，可不可以让自己变得更好些更优秀些呢？也许我们成不了被羡慕的对象，也永远过不上被羡慕的生活，但我们可以让自己每天都进步一点。

别人的生活再好也是别人的，即便给了你，也不一定适合你。我们可以简单一些，过着自己的小日子，每天寻找一些小确幸、小开心。

羡慕常有，但不要贪心哦！

赶走焦虑，或许你可以这么做

01

前阵子，我组建了一个“早起打卡群”，招募了一百多位小伙伴，一起坚持早起。

在招募的过程中，一位男生在后台这样留言：“我想早起，想在2018年改变自己。”招募两天后，他退出了群聊，我有些不解，便问了他情况。他解释说：“达令姐姐，我试了两天，实在起不来，早上太冷，晚上又睡不着，我想等这个冬天过去了再坚持。”

听到这样的解释，我不知道该如何回复。

想想曾经的自己也是如此，做很多事情，会寻找各种借口和理由来逃避。怕累、怕苦，更怕付出，事情最终不了了之，没有结果。

写文久了，时常会收到读者的问题。

“我最近太迷茫了，上课无精打采，下课只想回寝室睡觉，集体活动参加了不少，却收获寥寥。”

“每天心情莫名的烦躁，没遇到什么不开心的事情，却总是觉得坐立难安。”

类似的问题有很多，焦虑、迷茫以及感到彷徨是我们生活中常见的问题。如果我们遇到了，可以试着问自己：最近是不是太闲了？如果是，也许这就是我们会焦虑的直接原因。

我们都知道，机器闲置过久会出现故障，同理，生活太闲也势必会造成焦灼和无力感。明明每天有很多事情要做，但总是静不下心，最终导致功亏一篑。废了心思，花了成本，却收获甚微。

很多事情就是在我们的反复之间，变得越来越困难。

小时候，老师给我们布置一项作业，期限为一周。于是我们会想，一周的时间完全可以压缩到最后两天完成，我们开始拖延，开始明日复明日。事情不早做，到了最后期限才夜以继日地做，效率低下，一边做着事情，一边怨恨自己为什么没有提前完成。

越闲心越烦躁，时间越难熬，事情越难做成。这是一个恶性循环，无边无际。

我们之所以会焦虑，原因很简单，只是因为我们太懒。找到了原因，我们便可以对症下药。

02

试着寻找自己喜欢的事物，有计划地去刻意培养兴趣。

每一位自律者都是一点一滴养成的习惯，我们之所以无法有计划有规律地生活，最根本的原因是我们没有方向，也没有目标。

想要努力和坚持，却不知道从何着手。很多人都不知道自己喜欢什么，或是擅长什么，这也是我们会焦虑的一个极大原因。

在我毕业时，对于未来和很多人一样，迷茫且没有自信，有一堆自己不喜欢的事情，但却找不到一件自己喜欢的。浑浑噩噩地工作了两年，身边的朋友都已步入正轨，而我还是那个迷茫的人。我知道，自己需要去改变，于是我开始着手培养自己的兴趣爱好。

小时候学过手风琴，懂得些乐理知识，我便买来一把入门的吉他自学起来，过程困难重重，手指也被磨破了很多次。我喜欢那些精美的手绘，梦想着自己也可以画出，我从网上下载教程，买来画笔开始学起。从一开始的只读书，到后来开始把自己的输入转化为输出，一点一滴地记录自己的心路历程。

慢慢地，我发现我不再像以前那般焦虑、迷茫。每天有很多事情可以去做。学习吉他后，我写了几首原创歌曲；学习画画后，我已经画出了三本插画集；遇见写作后，我拥有了自己的公众号，认识了更多的朋友。

生活不再只是庸庸碌碌，而是丰富多彩。

很喜欢卢思浩说的一句话："后来我才想明白，与其担心未来，不如现在好好努力。这条路上，只有奋斗才能给你安全感。"

03

当你坚持不下去的时候，试着为自己制定一些小小的奖励机制，作为动力。

我们会焦虑，除了无事可做，还有一个重要的原因，便是时常放弃。完成一个目标的中途，我们会遇到诸多的障碍和瓶颈，有些可以克服，有些需要方法、需要毅力，需要消耗时间和精力。这也造成了我们放弃容易，觉得坚持太难。

此时，我们需要的不仅仅是来自精神上的鼓励，更需要一定物质上的奖励。

在我考专升本那年，便有过这么一段时期。面临毕业，写论文、做实训，一边上着学校的课程，一边兼顾着专升本的课程，觉不够睡，心情也极度烦躁，自然而然就想到了放弃。但那时，一位同学的话点醒了我。

她说："你要学会劳逸结合，学习之余也要学会放松。"

的确，我每天的生活除了学习就是看书，不去逛街，也不去聚餐。之后我转变了观念，时常为自己留出一部分时间去娱乐，比如，今天做完手上的事情，抽出两个小时，和同学去逛街或者看一部电影；比如，这次测试比上次进步了，就奖励自己一个小小的礼物，而且是那种一直很想要却舍不得买的。

这样一来，不仅劳逸结合，学习效率更佳，并且，我有了更强的动力去完成各项事务，也学会了时间分配，做事更具条理性。

当我们坚持不下去的时候，不妨多给自己一些小小的奖励，鼓励那个一直如此努力的自己。当我们发现，我们无法融入优秀人的圈子时，其实不是他们没有圈子，而是他们的圈子里没有你。

他们谈论的东西，我们不懂，他们讨论的未来，我们从未想过，这便是眼界和格局的差距。

而我们需要做的，不是待在井底看着他们，而是一点点地向上去爬，虽然慢，但也好过做一只一眼望到结局的井底之蛙。

向优秀的人看齐，学习他们看待问题的方式方法，学习他们良好的生活习惯，逐渐地形成自己的思维观念。很多事，从现在开始做并不晚，最怕的不是我们没有目标，而是输给了自己的懒惰。

有些路，需要去走，而不是空想。只有走下去，我们才知道路上的风景有多美好，惊喜也永远在路上。

纵然我们走得有些慢，但一切都来得及，人生值得我们去做、去付出。

二十多岁的我们，拥有多少存款？

你是不是有过这样的经历？看到一件很喜欢的大衣，看了看吊牌价便记下尺码和款型，在购物网站里搜索、收藏，等待着某个时刻再下单。北漂的你进过咖啡馆的次数寥寥无几，在心仪了已久的口红前徘徊了很久还是舍不得买，最怕听到房东说“押一付三”。

女朋友快庆生了，刚刚工作的你看了看支付宝，一咬牙，花了半个月的工资买了条项链给她，嘴上还说着不贵。突然接到家里的电话，父母生病了，需要寄手术费；接到同学的请柬说下个月结婚，你看了看银行卡里的余额，皱起了眉头。

……

你突然发现，钱永远不够花，自己连存钱的机会都没有。你不禁感慨，钱都去了哪里？为什么我们二十多岁连五位数的存款都觉得是一种奢望？

01

身边有一位朋友，大学毕业不到两年，从大学毕业起开始使用信用卡消费。

刚认识她的时候，无论是吃饭还是购物，她都是直接刷信用卡。

在我的概念中，能使用信用卡的人都是不缺钱的人。

但时间久了，朋友才和我说明了其中的缘由。她并非富有，如果真的富有，她也不会用信用卡。上大学期间她做过无数兼职：促销、发传单、销售她都接触过。不为别的，只因为家里穷，穷到她需要自己来做兼职，打暑假工挣学费。

大学毕业后，她找到了一份平面设计的工作，拿着基本工资，晚上回家做兼职，一边是做微商，一边是帮其他公司做产品设计。

她每个月挣的不少，但除去自己的开销外，要给家里寄一部分，父亲有尿毒症，换肾后需要大量的医药费，而她成了家里的顶梁柱。在朋友面前，她是打扮光鲜亮丽的小公主，不了解她的人都以为她是富家女。

但我知道，那是她在别人面前维持自尊的方式。她说过，如果家境好些，她不会没有存款，也不会那么辛苦，但又能怎么办呢？

至少现在苦点，以后会好点吧。

这让我想起了另一位朋友，一位彩妆师。非科班出身的她毕业后开始学习彩妆，从踏入这行开始，就没怎么睡过懒觉，出工的日子4：00多起床，跟妆一天，常常来不及吃饭，晚上很晚回家，随便吃点东西就睡了。

我问过她为什么选择这行，她说："喜欢。"

现在，她拥有了一家属于自己的小工作室。身为一名化妆师她仍旧辛苦，但她很满足，还买了辆小车，把父母接到了身边，今年她也将步入婚姻的殿堂。

原来，二十多岁的我们不是吃不起苦的，我们没有多少存款，但我们在为自己的生活努力地打拼着。

我们爬得慢，但爬得理直气壮。

02

经常收到一些读者的私信，读者们会问一个相似的问题："你应该很有钱吧？"

我在脑海里打了一个大大的惊叹号：何出此言？

他们说："现在的自媒体，写得好点就能赚很多钱。"

"一篇稿子的稿费最低也有几百吧？"

"看你在家乡工作，肯定有父母在身边，吃住在家里，没有经济压力。"

"靠写作估计都够花的了，还工作干什么？"

每当看到这样的问题，我都有些哭笑不得，大家太高抬我了。大学 5 年，毕业 3 年，我所有的存款也只有几万。

家境还算殷实的我，从上大学起却没有享受过"富养"的待遇。父亲每年一次性给我 10000 元，去除学费以及各种杂费，手上握着不到 5000 元的"家当"，这将是我一年的生活费。父亲说，没钱自己挣，多了自己留。

我带着这句话，从大二开始做兼职，做了 3 年。发过传单，也卖过泡面和奶茶，最终，我靠着每个月兼职的钱，维持着自己在大学里所有的生活开支，并且存下了 20000 块。

大学毕业后，我做着一份一个月只有 1500 元的实习工作，加班、赶方案、布置会场，连续一个月的车展，常常不能完整地吃完一顿饭，就要去忙。工资勉强维持着自己的日常开支。

手上有了一些存款后，我做了一些小投资，挣了一些零花钱，2015 年的一场手术让我花完了所有的积蓄，父母还帮助我支付了大部分的费用。

那个时候，我才知道钱是多么的重要。躺在病床上，我有过内疚，有些怨恨自己没有能力去支付自己的手术费，还要爸爸妈妈帮我分担。

我第一次感觉到，没有钱是多么的可怕。

从那之后，我只想做一件事——挣钱，至少我不想在我本该独立的年纪，还依靠着父母，即便他们愿意帮助我，但我又于心何忍呢？

有人说，你写作可以挣很多钱吧？

到目前为止，写作虽然可以成为我的经济来源，但我并不想依靠它维生。我不是名人，也不是作家，没有多少人会认识我，也没有多少人会主动找我出书、撰稿。我写出的文字目前也不会留名传世，启迪众人。

我仅仅靠着现在一点一滴的积累，让自己衣食无忧，可以偶尔小资，也可以偶尔放纵。但我并不是别人眼中羡慕的样子，我只是一个普通的人。

一个 26 岁存款只有 50000 元的普通姑娘，靠着自己 8 年的努力，拥有了这些“家当”。

但让我骄傲的是，我现在拥有的一切都是自己打拼得来的，和家庭无关，和父母的背景无关。

03

所有的光鲜亮丽，只因自己的那份虚荣心。

褪去华丽的外表，我们都一样：一穷二白。

但那又怎样？即便物价横飞，房价高涨，我们担心房东下个季度会涨价，担心自己生病又治不起，担心同学结婚出不起份子钱。你可能是学生，也可能是上班族，你可能没有存款，甚至负债。

我们还没能拥有很多资源去变现，去挣钱。但二十多岁的我们还有时间去拼、去闯，我们还有那份勇气。

二十多岁时，我们穷。但我们穷得理直气壮，我们不靠父母，哪怕杯水车薪，那也是我们的骄傲。

我们不是富二代，也不是天才高知，我们只是平凡的普通人，做着普通的工作，拿着寥寥的薪水。所以，不必害怕，我们都一样。

穷，不可怕，安于现状，才可怕。

蔡康永说过："如果羡慕成功者的富贵，请别一味模仿他们富贵后的事。那些名牌表呀，包呀，酒呀，车呀，都是他们富贵后的事，硬撑着模仿了，也只能图个穷开心而已。要模仿，就模仿他们富贵前的事，他们那些鹰般的探察，蛇般的专注，蚁般的搜括，蛹般的耐心，全是些风吹日晒、灰头土脸的事啊。"

生活赋予了我们各种滋味，让我们品尝，让我们拥有各种能力，羽翼更加丰满。

有些路，需要自己走，有些事，只能自己做。

努力赚钱，只为有一天不再无能为力

01

前段时间，黑龙江电视台《见字如面》节目里的“一封家书”，让所有人落泪。写信者是一位白血病患者，收信人是自己的母亲。

信中儿子对母亲说：“妈，我能在这里跟您做些约定吗？无母不成家，为了这个家，您得保重好自己。关于我，咱们努力就好，我不会遗憾而抱怨……”

读信人黄志忠早已泣不成声。

记得，读大学时认识的一位学姐，也同样患了癌症——淋巴癌晚期。记忆里，学姐特别照顾我，在学校的时候，我们经常聊天，谈理想。转眼间，学姐毕业了，我们偶尔也会联络。

有一天晚上，微信群中的一个朋友给我发来一个链接，点开一看，是众筹。众筹帮助的对象是学姐。

我不由一愣。我问朋友，学姐怎么了，朋友说，学姐两个月前查出淋巴癌，现在已经花光了家里的积蓄，男朋友准备卖掉自己的房子为学姐筹集医药费。

淋巴癌，可怕的字眼。我不敢去想，更不知道一向要强的学姐为了治病开启了众筹通道。众筹平台上，那一串红色的数字是多少人一辈子也赚不来的数额，却沉重地落在了她的肩上。

在学姐患病三个月左右时，我去看望了她，躺在床上的那个姑娘，我几乎不敢相信是学姐。

三期的化疗让她掉光了头发，脸上浮肿，身体大面积瘀青。我坐在学姐身边，和她聊了很多，学姐自始至终都没有哭，她拉着我的手和我说："学妹，你知道吗？我不怕死，学医让我已经有了心理准备，我害怕的是，如果我不在了，我的家人怎么办。因为我的病欠下的债还要年迈的父母去偿还，我觉得我很不孝，这么大了，本是让他们享福的时候，现在我却成了他们的累赘。"学姐为了不拖累男朋友，违心地提出了分手，好在男孩不离不弃，一直陪着学姐。

学姐最终没有等到那年秋天的落叶。她离开了，留下了一笔巨债，和整日睹物思人的亲人。

02

这种揪心的滋味我深有体会。

那年，我在上海也进行了一场手术。费用虽没有高达数百万，但将近 20 万的手术费还是让我有些望而却步。那时，我刚毕业实习不到一年，根本没有多少存款，但手术要做，病得治。

面对 20 万元的手术费，我第一次感到无能为力，我想过放弃，等几年再做。但爸妈不同意，他们说："钱以后慢慢挣，手术一天也不能耽误。"

他们拿出了所有的积蓄，带我前往上海，看着一沓沓现金被存入医院的账户，我心头一紧。

病友群中有一个小姑娘，老家是山东农村的。小姑娘今年 20 岁，两年前早已发病，每天都在疼痛中度过，她在群里说，她做梦都想做手术。可是家里太穷了，连 5 万都拿不出，亲戚朋友都是穷人，无处借贷。

小姑娘于去年 5 月办了休学，北上打工，为自己赚取手术费用。大家都劝她，先完成学业再挣钱，没有文凭、没有经验会吃亏的，也赚不到多少钱。

果不其然，姑娘刚去北京就被中介骗了，身上仅剩不到 2 千块。半年的时间，她换了 5 份工作，做销售被人骂过，做促销被人撵过，做接待被人嫌弃过。每天只吃馒头和咸菜，运动鞋磨破了也不舍得买双新鞋。

姑娘走在北京的街头，看着万家灯火，她在群里诉说着自己的遭遇，她想到了轻生。她认为，活着是一种痛苦，没钱上学，没钱治病，每天腿部的疼痛让她不知有什么理由继续坚持下去。

03

如果有钱，学姐不会放下自尊去众筹，她可能不会这么早去往天堂，也许可以支撑到骨髓配型成功。

如果有钱，小姑娘可以早些手术，不必每日忍受剧痛，拖着残躯辛苦地打工。

如果有钱，我不必如此为难，想要拖延手术时间。

看过了太多为钱拼尽全力的人，看过了太多为钱丧失理智的人。金钱，我们有时觉得它是粪土，它俗气，但没有它我们将寸步难行。

现在，总会听到一些人说：生不起病，上不起学，结不起婚，买不起房。大城市的人，每天一睁眼，便是砸向自己的巨额房贷，人情往来，日常开销。一个月的工资根本是杯水车薪。一旦听到家人需要用钱的消息，如同晴天霹雳。

一个在上海工作的同学，她的生活便是这种生活的真实写照。她经常接到老家打来的电话。

“闺女啊，你弟今年要上大学了，这学期的学费，你看看能不能凑点，家里今年收成不好。”

“闺女啊，你二叔家的娃今年结婚了，咱以前有难的时候人家帮过咱，现在得还人情了。不多，就一万，算咱们出了份礼了。”

“闺女啊，你弟想要台电脑，大学里都是花钱的地方，你给他打点钱。”

同学活成了《欢乐颂》里的樊胜美。她现在最怕的就是家里的电话，除了要钱还是要钱。

有一次，我们微信聊天时她说到了这件事，她的语气很是无奈：“我现在真的是想多挣点钱，家里到处都是用钱的地方，恨不得把自己拆成几份用。”

“没钱”成了我们现在大多数人的现状。

在落幕的黄昏下，经常可以看见一群下班的人挤上地铁。摇摇晃晃的车厢里，他们或埋着头看手机，或打着瞌睡。许多人手里拿着一个冷面包和一瓶喝了一半的矿泉水，匆匆地赶去下一个工作地点。

韩红在一次义捐中，碰到一位癌症患者跪在她的面前，哀求着韩红可不可以救救她。姑娘哭得声嘶力竭，韩红代表个人给女孩捐了一笔钱，女孩当场晕倒。

我们努力赚钱，除了想过上自己想要的生活，更是为了有一天需要用钱时，不用放下自尊，不用四处借贷，不再那么无能为力。

收起你的玻璃心，谁的职场都不易

每个人的心房都由两部分组成，一半叫坚强，一半叫柔软，我们需要带着两颗“心”去生活。

但在职场中，有一种“心”千万要不得，那就是玻璃心。

01

有一次与父亲聊天，谈及了当年父亲公司的一位同事的事情，让我感触很多。

父亲的那位同事是个女生，进入公司是靠关系，岗位是海关报关，这个岗位全公司只有一个，她的工作任务就是每个月出趟差，将这个月的报关工作完成。

其余时间几乎没有任何事情。

有一次，公司派遣她去合肥出趟差，下达了人事通知后，她却迟迟未动身。部门经理便问她怎么没去，姑娘给了一个理由：“我大姨妈来了，特别痛，我不想去。”

“那你就去医院，把痛经治好，这个不能成为不工作的缘由。”部门经理也是一位女性，面对姑娘的理由她有些哭笑不得。

“我不去，药太苦，我最怕苦了，我现在要回家休息。”

等待这位姑娘的结局是被劝退。姑娘很委屈地说：“你们的制度太不人性化了，大姨妈还让我出差，不让我休息，现在还要开除我！”

部门经理说了这样一句话：“我也是女人，我从没听说过有人将来例假当作借口来逃避工作的，你好自为之。”

还记得杜拉拉吗？那个当年踩着高跟鞋，从初出茅庐的小姑娘成为驰骋职场的 HR 经理，从受不得委屈的职场小白到应对自如的职场精英，杜拉拉的蜕变，无疑为初入职场的年轻人做出了榜样。

回想职场初期，谁不是一边抹着眼泪，一边努力成长？

我的第一份工作是汽车市场执行策划。那年，我大四还未毕业，找了一份专业对口的工作，本以为是在和学校时一样，写写策划方案，做做活动执行。但没想到，刚进公司的第一周，我便体会到了什么叫“社会的残酷”。

由于上任市场经理的离职，我挂名了他的职位，等待我的并非是想象中的轻松自在，坐在办公室里写写方案。为了能赶上大型车展的进度，我每天泡在公司里，晚上回家边写论文边写方案，常常熬到深夜。

广告公司安装师傅忙，我便自己安装物料，爬上两米多高的脚手架，我恐高，但还是硬着头皮去做。一场活动结束，销售情况不好，被总经理开会批评，因为市场部宣传不到位，我眼圈红红的，回到办公室就哭了。

我打电话向同学诉苦，说不想干了，又累又委屈。同学说：“唉，都一样，但这毕竟是职场，谁都不会像父母和老师那样包容你，你要学会坚强。”

谁的职场都不易，我们要做的不是逃避和责难，而是收起我们脆弱的那颗玻璃心，学会在职场中变得强大和勇敢。

02

很多初入职场的年轻人都有一个通病，那就是仍带着象牙塔中的学生气。这虽是必然，但也是禁忌。

我们总觉得，自己还是个孩子。我没有工作经验，也没有社会经验，进入职场，应该会有人教我们如何去工作，如何去沟通。但这种天真的想法在进入职场后，一定会被现实所浇灭，因为大家都很忙，谁也没有义务去教你成长。

学会收起自己的自尊心和玻璃心，是迈入职场的第一步。

你来到一座陌生的城市，作为从小被家人呵护长大的掌上明珠，此刻要独自面临生存的压力。你拖着重重的行李箱满街地看中介，找房子，你被黑中介坑了，骗走了身上的钱，你哭了。

你进入公司的第一个月，被经理安排与供应商吃饭，从前基本不喝酒的你，被大家劝着灌下肚，你跑到厕所吐了又吐，但仍旧要赔着笑脸和客户继续喝。你赶了一周的计划书，却被同事冒名顶替，同事得到了领导的夸赞，你生气地找经理理论，但经理却说这是你自己的失误，没有保管好自己的工作文档。你连续加班三天，拖着疲倦的身子回到家里，又接到客户的电话，你只好随便吃了口外卖，打开电脑继续加班。你委屈，你觉得现实怎会如此残酷。长大后，除了责任就是压力，为什么不能永远当个学生？

但我们都知道，这就是现实，这就是社会。

在《欢乐颂》的第一季中，关关也是一位职场小白。她因为学历低而自卑，于是，她勤勤恳恳，任劳任怨，但因为帮助同事做了一份错误的报告，被经理责备了。

关关很委屈，她找到安迪倾诉，自己做错了吗？那个错误是她的，又不是我的。安迪却说，这件事情，你确实需要负责。你作为最终交接者，有义务也有责任复查报告的准确性，无论这份报告是不是你独立完成的，领导只会看最终结果，不会过问中间环节。

关关抹着眼泪，知道了自己的问题所在，她向经理承认了错误，并且修正了报告。

小时候，眼泪是我们的武器，但作为职场人，眼泪无济于事，它不会让你得到同情，而是自身软弱的象征。

那颗明亮但却禁不起风雨的玻璃心，只会为你带来无尽的苦恼，并不会助你成长。

03

在职场中，与其纠结，不如做好自己的工作，在本岗位上求得进步，用实力证明自己，让自己自信而强大。

谁都没有义务帮助你，也不会无限度地包容你。

唐宁在《职来职往》中说过一句话：“在职场中，眼泪并不能代表什么；这个世界之所以灿烂，不是因为阳光，而是因为你的笑。”

生活从来不会包容玻璃心，你遇到的委屈和磨难，都是让你成长的利器。职场更不会容忍玻璃心，遇到责难，眼泪上阵；遇到不顺，选择退缩，这是弱者的表现。

心疼在职场打拼的你，但我更希望你在挫折面前，在异乡为梦想打拼之时，在面对职场利害斗争的时候，能擦干眼泪，继续前行。

毕竟，玻璃心不是水晶球，没有人会珍惜，也没有人会在意。那些看似毫不费力就成功的人，只不过是在你看不见的地方，用尽了全力。

真正的"佛系员工"，是不断精进的人生

"佛系"是近来刷屏率极高的一个词。"佛系"最早来源于日本的一本杂志，杂志中介绍了一位"佛系"男子。

"佛系"作为一种文化现象，有看破红尘后按自己的方式生活的意思。是指一种生活状态和人生态度。

由"佛系"一词衍生出众多附属名词，其中有一类叫作"佛系员工"。

所谓"佛系员工"，在网络上有这么一个段子：看破办公室红尘俗事，心如止水，不悲不喜。这家公司不咋地，下家公司能咋地？升职加薪没啥事，不如温水煮青蛙。平平安安上班，安安静静下班。

一句"平平安安上班，安安静静下班"，道出了"佛系员工"的真谛。

这样一群看似不争不抢、心如止水的员工，在我们的周围比比皆是。刚工作时，遇到这么一位同事，不到 30 岁的年纪，工龄却快 10 年了，可谓是经验丰富，很多事处理起来得心应手。

集团平日组织大型活动，他总是最默默无闻的一位，安安静静地坐在一旁，不发言、不争辩。如果是非必到场合，他一定选择不去。

领导布置一项工作任务时，他总能保质保量地完成，但每当问到他有何创新意见时，他却没了声音。

他平日里最常说的一句话便是：“都可以，我无所谓。”

在一次交谈中，我问他有没有跨行的打算。这位同事回答我：“跨行？从没想过，我不想大富大贵，现在的工作安逸顺心，何必为自己找罪受。”

久而久之，集团评“优秀员工”，或是有晋升机会时，他都完美错过。一是自己不关心，二是集团压根不给他机会。

01

越是随遇而安，心态越焦灼。

在“佛系”的定义中，我们不难发现，大多数的“佛系人”都有一个共同特性：随遇而安。看似踏踏实实的性格，在这个时代却是危险的信号。

在“佛系员工”中有这么一类人，他们本身并非“佛系”，表面呈现的不计较、不在乎，是一种内心焦灼的体现，是对于现状的无奈和不愿改变的窘境。

在如今这个快节奏的发展时代中，每个人看似都在赶路，但有些人却活得自在欢脱。他们并非无欲无求，更多的是对现实的无能为力。

在知乎中，看到这样一段描述：有些人并不相信努力了便会进步，他们觉得“与其我投入很多努力之后承受痛苦，不如索性不努力，也就没有什么损失了”。

努力也并非能够改变现状，不努力也不会差到哪里去。

这看似是“佛系员工”的一种常见心理。他们逐渐地丧失了努力的能力，但内心又有另一个声音呼之欲出，看到别人的进步和进步后的结果，又觉得自己本也可以，但投身至行动中去，又无法坚持。

因此，我们的内心慢慢产生焦灼的心态。

从而我们在面对诸多职场问题时，便会养成表面无所谓的样子。

02

“佛系”的职场人生，是躲避社交的个体心理。

回到文章开头提及的那位同事。他的职场生活每天是坐在电脑前认真工作，渴了接杯水，困了趴着睡。有人问津，他回答一句，无人过问，他埋头做事。部门的聚会他从不参与，各类的新闻他也从不关心，一心一意做分内的事情，下班后回家吃饭睡觉打游戏。

这样的状态看似并无什么太大问题，但仔细想想便会发现，他的生活单一而重复。对于大多数的新鲜事物和人际交往，他保持着固有的距离感。

即便在一起谈论一些事情，他也总是表现出随波逐流的样子，不发表个人意见，不公开发表言论。“佛系”的职场人生，在某种程度上是一种规避社交的心理状态。他们不愿表明自己的立场，不愿参与过多的社交活动。

这类的现象有几类归因：

不愿意成为别人注意的焦点；

不愿参与议论，害怕麻烦和解释；

担心自己的观点错误，会造成不必要的误会和问题。

而“佛系员工”的社交回避来源于第一点——不愿意成为别人注

意的焦点，认为自己的观点可有可无，不想过多地讨论，为自己增添压力。

心理学中有一个名词叫作“逃避应对”，指的是人们回避那些会让自己害怕和焦虑的特定场合、对话、关系或者信息，处理不了的人和事，彻底避开就好了。

比如，当部门中所有的参与者都在争相讨论一个话题时，此时的“佛系员工”呈现的心理状态便是“逃避应对”。如若可以不说话，他会一言不发，一定要说话，他也会选择附和及赞同别人。

他们并非无认知和意见，只是不愿参与，为了规避后续的问题和事情而已。

“佛系员工”更多的是埋在自己的世界中，做自己的事情。

但所谓的“佛系员工”，久而久之，会产生几种现象：工作晋升机会屈指可数，甚至面临被市场淘汰的风险；逐渐失去对工作和生活的热情，以及对新鲜事物的探索能力；朋友越来越少，从而拥有越来越多的孤独感。

如何打破这种现象，让自己回归到真正的社交范围内，形成自我的认知改变，是“佛系员工”的当务之急。

03

走出舒适区将拥有更广阔的发展格局。

我们之所以会困在原地，待在安逸的地方觉得很舒服，是因为那个圈子里的所有东西都是熟知的，每天都操作的。

我们常说，决定一个人发展的并非只有努力和运气，更多的还有自己的眼界和格局。一只井底之蛙和一只翱翔的飞鸟所看到的世界完全不同。

不变成“佛系员工”的关键方法是：打破既有的环境让自己走出去，去体察和挑战自己从未尝试过的事情。

台湾的绘本画家几米先生，早年间进入奥美广告公司工作，十几年的广告公司从业经验对于几米而言是安逸的，也是舒适的，即便有一些自己不喜欢的固有规则，但他依然按部就班地从事着这个行业。

1993 年，几米辞去了工作，成为了全职画家。在这之前，他已经是奥美广告公司的一位艺术指导，但他毅然决然地选择离开，不为其他，只为能够拥有更多学习的机会，做自己想做的事情。患有白血病的几米先生，完成了《森林里的秘密》《微笑的鱼》《向左走，向右走》等多部作品。

在我身边也有一位这样的朋友。他有一个几万粉丝的公众号和十几万粉丝的平台背景。每月几万的收入，出书、约稿不断。在别人眼中，一个学生能够有这样的成就，已然是件了不起的事情了。

但这位朋友毅然决然地选择了北漂，他放弃了舒适区的生活，离开了温暖的象牙塔，每天挤着地铁，放下了所有的光环，从头学起。他每天加班到深夜，却依旧早起读书、跑步。

走出舒适区，并非我们每个人都能做到的，它需要毅力和破釜沉舟的勇气。但当我们迈出那一步时，我们会感谢那个勇敢的自己，同时，我们也会收获更多面的自己。

04

真正的“佛系员工”，是不断精进的体现。

说了诸多“佛系员工”的定义和理解，但真正的“佛系”是什么呢？那是一种向上的力量，是一种精进的人生。

真正的“佛系员工”应该有这些基本素养：

一、生性随和并拥有一种处事不惊的胸怀，遇事知世故而非世故的风格。

真正的“佛系员工”是在面临工作中的各类问题时，可以做到心态平稳，不急不躁。拥有分析问题和解决问题的思路，即便是新人，也能够很好地控制自己的情绪和心态。

在优秀前辈前虚心学习，乐于奉献，不高调，但也绝非默默无闻。

二、拥有良好的沟通能力，在团队中乐于贡献力量。

优秀的“佛系员工”不会让别人尴尬，会在合适的时机发表观点，做一个团队的参与者，而不是封闭者。

在雷·达里奥的《原则》一书中，他提到：“一个人最大的障碍就是自己。这障碍，不是人本身，其实是思维，改造思维的关键是让自己成为一个 shaper。”

我们需要让自己成为工作中的积极分子，塑造自己的优势，并且将它应用于实际的工作中。每一个好的上级都希望自己的下属是能创新的，并且乐于分享自己的创意。

三、培养人际沟通力，形成自我属性。

TED 的一期《幸福是什么》演讲中，演讲者说：“好的人际关系可以让我们保持健康和聪明的大脑，过得幸福的人，通常在家庭、朋友、团队之间都能保持较好的人际沟通。”

可见，具备一定的沟通能力不仅是幸福的象征，在我们的职场中，也可以发挥重要的作用，让我们始终有愉悦的心情和良好的团队共建意识。

四、具备终生学习和体察事物的能力。

在职场中，我们的核心竞争力中包括了某一项技能的突出和创造价值的能力，而这些能力的来源是我们不断地精进和学习。

专业领域、情操领域，所有值得学习以及对我们职业发展有需要的各个方面，都需要我们涉足和了解，甚至需要我们在某一项中保持领先的状态。

真正的“佛系员工”必然是不断精进的人生。在职场中知道自己的位置，清楚自身的瓶颈，明确自己的目标，了解自己的处境。

在精进中不断锤炼自我，完成每一阶段的学习和塑造，逐渐成为强者。

或许，我们都需要精进自己的人生，无论在职场中，还是在生活中，做一个不随波逐流、勇敢前行的“佛系人”。

你是怎样在朋友圈里假装活得很好的?

最近，我的微信好友从一两百变成了现在的近一千人，每天打开朋友圈，仿佛进入了一个小世界。

有些人晒美食，有些人晒旅行，有些人晒幸福。一天下来，如同看遍人生百态。

01

一位微信好友找我聊天，她和我说了一件事让我有些感慨。

“姐姐，你知道吗？我现在从事的工作是新媒体运营，经常有粉丝加我微信，从前我喜欢发朋友圈，纯属记录心情。但现在，我每发一条朋友圈之前，我都要先想好发什么，配什么图。我不敢发很丧的话，怕被别人看到，觉得我不阳光。但我觉得现在好累啊，连发个朋友圈我都要在乎别人的感受，其实，我也有心情不好的时候，只是我不想让他们看到，认为我是个很矫情的人。”

听完她的诉说，我的心“咯噔”了一下，现在的我，貌似也是这样。

玻璃心越来越严重，害怕被别人看到自己不阳光的一面，希望给看我朋友圈的读者永远积极阳光的状态。

其实，我们不过是在朋友圈里假装活得很好罢了。

02

也许是生活压力太大，也许是生活太空虚，我们总想借助一些平台来宣泄自己的情绪，而朋友圈成了最为流行的地方。

我的一位朋友目前在一家银行做信贷，他每天的朋友圈不是公司业务就是产品推荐。

有一天，我惊讶地发现，他发了一条和女朋友在一起吃饭的照片，我在下面评论了一句："可以啊，终于见到你女朋友的庐山真面目啦。"

晚上我回到家，收到他发给我的语音。他在语音里说："别提了，我每天不是不发自己的朋友圈嘛，她急了，非让我发一张合影，不然就说我不爱她了。没办法，她觉得只有发朋友圈才能证明我们是恩爱的，我就不明白了，这不是很假吗？恩不恩爱，只有我们心里明白。难道秀出来给大家看，就能代表什么吗？是不是你们女孩都有这种想法？我想听听你的意见。"

我并不知道是否所有的女生都这样，但至少我身边有很多。姑娘们喜欢晒自己的男朋友，各种合影，吃饭的，旅行的，牵手的，散步的。我朋友圈里就有这样一个姑娘。她的朋友圈里，10 条里有 4 条是关于她男朋友的，有时候发多了，难免让人有些厌倦。

我问过她："你这么发，你男朋友真是配合啊，一般男生都不太愿意这样。"

她苦笑了几声说："其实他也不愿意，我们俩是异地恋，一个月见几次，每次见面拍点照片，够我发一个月的。我其实也不想发，但我室友经常问我，你和你男朋友怎么样了，你们这么下去能长久吗？我听着心里别扭，所以，我要发点照片，至少在别人眼中，我们是幸福的。其实我自己也明白，我们之间早就出现问题了，只不过我不想面对而已。”

听完这话，我有点心疼姑娘，也很同情她。

一段感情中出现了裂痕，她没有用沟通的方式解决，而是用朋友圈的假象来欺骗自己。

《奇葩说》里的颜如晶说过一句话：“记忆是工具，朋友圈也是工具，这只是你通过这种方式来了解一个人的途径。”

很显然，朋友圈已经渐渐成为我们用来伪装自己的平台。

03

曾看过一篇文章，作者所写的一个小故事让我有些动容。

作者是一名在北京工作的 IT 理工男，从小在家乡读的大学，因为不甘平凡，一个人来到北京发展。他从小是个娇生惯养的妈宝，自从到了北京，离开了父母的照顾，和三个小伙子合租了一套房子。加班成了常态，因为不会做饭，经常吃泡面解决温饱。

有一次，他正发着烧接到了母亲的电话。母亲在电话里问他在做什么，有没有吃过晚饭，他骗母亲说，他正在和同事聚餐。而此刻的他，正一个人坐在社区诊所里挂水，晚饭还没有吃。

母亲叮嘱他要好好吃饭，千万不要省钱，他嘴里说着好，紧紧咬着嘴唇。

挂掉母亲的电话，他发了一条朋友圈，照片是他上个月刚领工资时奖励自己的一顿小火锅，他写下了一句话："我的火锅很棒。"他点开了只有父母一栏的便笺，设置了父母可见，发布出去。然后闭上眼睛，眼泪在他的眼眶里打转。

面对父母，我们的朋友圈永远过得很好。恨不得把所有娱乐活动都展示给他们看，因为我们明白，越长大，父母越脆弱。从前，他们是我们的依靠，现在，我们要学会为他们支撑起一片天。

我们学会了报喜不报忧，我们害怕被父母看到我们过得不好，眼泪的苦涩只有自己知道。

其实，我们只不过是在朋友圈里假装活得很好。

04

我们看似羽翼丰满、内心强大，那是因为我们学会了伪装。

收起了矫情，收起了委屈，也收起了自尊。为了爱情，为了亲情，甚至为了自己的虚荣心，我们欺骗着自己，也欺骗了所有人。

每个人都有一副面具，小时候不懂，长大了就要学会坚强，无论自己心里有多苦，面对世人，还是要强迫着自己去笑。时间久了，似是那面具真的长在了脸上。没有人真正地了解你，如若不坚强，软弱给谁看。

我们在假装坚强的面具下真的越来越坚强。

也许，朋友圈之外的我们才是真实的。无须伪装，也不用故作坚强。

想哭就哭，想释放便释放，自己过得如何，不用在朋友圈里去体现。你要知道，不在乎你的人，不会因为你的朋友圈而注意你，而在乎你的人即使看不到你的动态也会时常想起你。

与其在朋友圈里活得有声有色，不如让自己在生活里慢慢地成长。卸下面具，做真实的自己。

正如钱饭饭在《你不用假装过得很好》中说过的一句话："这个世界上过得好的人，都是该吃吃，该喝喝，该哭哭，该笑笑，不逃避，不畏惧，一心向暖，安之若素。"

愿你从此不用假装坚强，有坚硬的铠甲，有向上的力量，永远热泪盈眶，心向远方。

微信“跳一跳”，跳的是我们自己的人生

微信推出一款爆火的小程序“跳一跳”后，在各个微信群、朋友圈霸占榜首。

原本对游戏不太“感冒”的我，前两日因为等车无聊，点开了这款小游戏。游戏的操作很简单，但由于我对游戏操作的生疏，玩了10局，最好成绩只跳到了50步。

不过，这50步让我对这款游戏为何会爆火有了看法。

“跳一跳”之所以爆火，也许是因为它通过简单的游戏原理，映射出了我们每个人在生活中都会碰到的困境与问题。当我们在游戏中反复面对那道“跳”不过的坎时，我们的选择让我们看清自己内心的本质。或是继续尝试或是选择放弃，不愿承认，但却暴露得一览无余。

01

越急躁，越难以达到目标。

一位朋友和我聊天，聊到了这个小游戏。

她的成绩比我好些，每次都可以达到几百分。但她有一个困惑：

为什么我想突破自己，就是这么难呢？这个游戏一定是越来越难，越来越不好操控的。

这反映了一个很现实的问题：我们在面对未曾涉足的领域时，往往会首先想到困难，而忽略了困难背后的机遇。

当我们接到一个企划案时，我们首先会想到，这个项目我从未做过，也不知道该如何下手，对方一定准备充足，我该怎么办？如果我们的英语四、六级考试曾有一次没过，那我们便会担心下次会不会依然不过。我们在青春期时分过手、受过伤，便不敢轻易再喜欢上一个人，也不敢再轻易地迈出那一步，害怕再次受到伤害，遭遇同样的感情事件。

这些都是我们正常的表现。害怕、担心，甚至是惶恐。

曾经的失败，或从未有过的经历，会让我们对一些事望而却步。因为害怕再次的挫败感，害怕未知的风险性。

心理学中有一个概念叫“目的颤抖”，意思是：在给缝衣针穿线的时候，越是全神贯注地努力，线越不容易穿入。一个人由于做事过度用力和意念过于集中，反而将平时可以轻松完成的事情搞砸了。

我们的害怕，往往是因为太在乎事情的结局。我们承受不起失败带来的挫败感和无助感。

其实，很多时候这些心理都来源于我们自己的念头。仔细想想，每当你又玩到接近自己“跳一跳”的历史最高分时，你真的过不去了吗？明明接下来的每一步都和之前一样。也许你只是害怕，也许你只需要稍微掌握一些技巧。

面对一个从未涉足的项目也不必害怕，做好准备，了解项目内容，寻求达人帮助，这些都是我们解决问题的途径。英语四、六级一次考不过，要总结原因，确定是哪部分失分严重，便在哪里刻意练习。

失恋、分手更是人生常态，不必否定自己，也不必否定爱情。分手是由多种因素造成的，不能完全归结于某一方的责任。我们要重新振作，把过去埋起来，敞开怀抱，迎接新的爱情。

有时候，“跳”不过困难可能真的是我们自己在吓唬自己。

生活没那么可怕，最可怕的是还没走下去，就先被自己给打败了。

02

欲望驱使人们舍弃真正重要的东西。

“跳一跳”小游戏之所以能让众人爱不释手，来源于它的游戏设计让任何人都能简单地上手。

每一个方块代表一步，跳到下一个方块上便可以轻松得分，当然游戏会设置各种各样的奖励制度，如果跳在格子正中间会加分，如果连续保持，会在上次的加分基础上不断叠加分数。

当轻而易举地获得了一个方块的得分时，我们会做什么？

毫无疑问，我们会选择继续往下跳，虽然后面的路是未知的，但此时的我们不会考虑，心里只会想着往下走，要得更多的分，盼望能位居朋友圈榜首。

这种心理在生活中比比皆是。

比如，男女朋友之间，女孩对于男朋友的态度从最初的只要一个拥抱就可以满足，到后来越来越多的要求。男朋友的陪伴、贴心，所有的纪念日最好记住，微信必须速回，电话必须秒接。

对于男孩来说也是同理。希望自己的女朋友温柔体贴、善良大方、美丽可爱，时不时地可以撒撒娇。

毋庸置疑，这是我们所有人的内心写照，同时，我们都知晓一件事，我们都不是完美的，但我们希望自己或自己在乎的人能越来越接近某个标准。

我们都希望自己可以更聪明、更合群、更有魅力。月薪 5000 的人，希望自己收入破万；月入过万的人，希望自己年薪几十万；拿着年薪的人，希望可以住上别墅。

当想要获取更多利益时，我们应该明白，需要付出的代价一定不少。当满心欢喜地准备打破自己上一局的纪录时，却一个不小心掉了下去，想要的没得到，仍要从头再来过。

正如伊索的名言所说："有些人因为贪婪，想得到更多的东西，却把现在所拥有的也失掉了。"

这便是人性常态，游戏如此，生活更是如此。

03

走好每一步，活在当下，及时行乐。

这个小游戏之所以吸引我，有两个因素。其一是对未来不确定性的探索和那种打破纪录时的快感；其二则是，每一个方块看似紧密相连、环环相扣，实则它们间的距离各不相同，大小也不一，失之分毫就会差之千里。

当我们知道了如何掌握短距离操作技巧后，下一个方块却突然距离很远，那我们便需要重新调整战略，做好分析。

在游戏的过程中我们不难发现一个问题，那便是越急于求成越容易失败。

身边的一个朋友想要学习画画，于是便买来一堆工具，准备开启一路开挂的人生，成为"斜杠"青年。

她总是在想，我什么时候才能画出好看的人物素描呢？人人都希望自己的画能有人喜欢，能赚钱。不过，她忘记了一点，虽然这个目标听上去并不难，但仍旧需要一点一滴地积累，从基础的绘画技巧学起。

走得太快不一定会看到预想的结果，只有鞋子打磨得合脚了，每一步踩在点上，我们才有可能走到目的地，不是吗？

不必想得太多，低下头看看现在的自己，享受当下的美好，也是一种满足。看到自己一点点地进步，那种今天比昨天好的感觉真的很棒。要得太多，会让我们错过更好的东西，那便是当下的我们。

未来不可预知，但此刻可以把握。

微信里的“跳一跳”，跳的不过是我们的人生，我们怎么跳，全凭自己脚下的步子，跳到哪儿，全看自己的心思。

放弃一个爱而不得的人，是种怎样的感受

01

你是否在深夜里为了一个人而哭泣过？

他是你爱的人，是你觉得这一辈子会爱上的唯一的人。

曾经问过朋友们一个很天真的问题："让你放弃一个你很喜欢的人，你愿意吗？"朋友们都呵呵一笑，认为这是一个无法回答的问题。怎么放弃？放弃一个不爱你的人，还是放弃一个互相喜欢却无法在一起的人？

的确，两种不同的前提下，是两种截然不同的选择。

面对一个爱而不得的人，面对一个爱了痛苦的人，放弃都是一件不容易的事情。

《罗马假日》中的安妮公主放弃了布莱德里，虽然他们只有一天的情缘，但爱情是不能用时间来衡量的，爱了就是爱了。安妮在接见布莱德里时是痛苦的，但她必须放弃，因为她是公主，她有着别人无法理解的使命，为了这些，她只能选择离开。

《前任3：再见前任》中的林佳和孟云即便分手了，也没有放手。孟云担心林佳，林佳也想着孟云。王梓在街角处和孟云告别时说了

这样一句话：“你们都在等，等着对方先放手。”他们知道，放了手真的就是永别了，虽然他们依旧爱着对方，但无论怎样，都不会再破镜重圆。

《西游记》中女儿国的国王真的很爱唐僧。她没有妖精那般妩媚和霸道，她们要的是唐僧的肉体，而她要的是唐僧的心。在师徒四人告别女儿国时，可以看见国王眼中的泪水，以及那种不舍、那种依恋。正因为她爱唐僧，她必须让他走，让他去完成使命，爱不是自私，而是成全。

最后，安妮也许成为了女王，但她不会忘记布莱德里；林佳和孟云各自有了新欢，但孟云不会忘记那个吃泡面爱把鸡蛋打散的林佳，林佳也不会忘记那个换季时会给自己备药的孟云；唐僧取得了真经，但国王的心里会永远有一块净土只属于唐僧。

他们都在彼此的生命中热烈地存在过，或长或短。有时候，爱过比在一起更重要，如果在一起是一种折磨，那就不如选择放手。

张小娴说过：“最难过的，莫过于当你遇上一个特别的人，却明白永远不可能在一起，或迟或早，你不得不放弃。”

02

朋友向我描述过，放弃一个爱而不得的人是一种怎样的体会。

那是一种你睁开眼睛会流泪，闭上眼睛会想他的纠结；那是一种你想努力忘记，却连梦里都会有他的悲哀；那是一种你会把每一个像他的人来当成他的自我催眠；那是一种总会一遍又一遍地翻着你们的聊天记录，边看边哭的可笑。

那个人像是自己的连体婴儿，越是努力克制，越是无法自拔。

真正能做到放手的，不过是人前的假装坚强，背后的撕心裂肺。越想用一些东西来麻痹自己，却越是感到思念热烈，你忍不住地掏出手机，想要拨出那个熟悉的号码，你骂自己没出息，马上又合上了手机。

渐渐地，你们失去了联系，虽然保留着联系方式，但谁也没再联系过对方。想说的话憋在心里，想放下的念头一直都有，但就是舍不得删去那些照片、那些回忆。

你们都明白，那是再也回不去的爱情，再也握不住的手，再也留不住的温存了。我们还靠着那最后的骄傲，维持着自己表面的坚强。我记得崔天琪有一首歌叫《放过》，我曾经单曲循环了两个月。其中有一段歌词每次听到都会心痛：

谁也伤不到我
除非是你放开我的手
谁也不能爱你
我多想可以这么执着
你是否还记得
你笑着问起我
幸福是什么
除了你的拥抱
我什么都能放过

也许，放手真正让我们感到痛的，不是因为要失去这些回忆，而是因为要失去那个很爱的人。再也没有了下雨天的伞，再也没有了带有对方体温的拥抱。

我们放不下的不是爱情，是我们自己的眷恋。

我们害怕失去对方会丧失爱的能力，会再也遇不到如他一般的人，会孤独，会难受。最怕的不是喝酒时的声嘶力竭，不是和朋友倾诉时的无奈委屈，而是孤身一人时，那深入骨髓的思念。

其实，我们内心深处都明白，没有谁不可以放下，也没有离不开的挚爱。但当时对深陷其中的我们来说，那便是最大的事情，比天塌下来还要严重。

无论时间长短，我们都要自己走过那段日子，没有人可以帮忙，也没有人可以替代。伤口痛过之后才会逐渐痊愈，最后长出新的皮肤来。

有些人可能会幸运地不留疤痕，崭新如初，有些人可能会留下一道无法去除的痕迹，偶尔碰到还会痛，但也只是偶尔。

03

无论是放弃一个怎样的人，痛苦是一条必经之路，放手是唯一的出路。无论你是否愿意，是否心甘，是否后悔，都别无选择。

我们不一定都会遇到真爱，也不一定都会嫁给爱情，但爱的时候就好好地去爱，该放手的时候，就放手吧。

可以哭泣，可以喝醉，可以倾诉，但要继续相信爱情。

曾经以为伤心是会流很多眼泪，现在才明白，原来真正的伤心是流不出一滴眼泪。什么事情都会过去，我们都是这样活过来的。

Part 4
熬夜的背后，是我们无处安放的灵魂

不必害怕，因为很多东西可以改变，直到我们无能为力的那一刻。生活不就是一直向前，并和那些阻碍你前进的东西一直抗衡吗？你怕了，它会变本加厉地欺负你，你勇敢了，它也会害怕。谁知道明天会怎样，明天会不会是个大晴天。

历经千帆浪，方知何为平淡人生

大学毕业时，面对踏入社会后的选择，每个人都有不同的想法。有些人选择考研，有些人选择考编，有些人选择去往北上广。

我的一个朋友，也是我父亲朋友的儿子，学的是化学专业。在他的那所大学，化学专业是冷门专业，但他从小就喜欢，中学时便可独立完成高难度的化学实验。

上了大学后，他自然而然地选择了这个专业就读，临近大四时，已经有多所高校向他抛出橄榄枝，包括上海交大、中科院研究所，同时也包含自己的学校。

有意思的是，留任本校可以直接晋升为团委副主任，相当于副处级；而选择中科院，需要考过英语六级，并且还要面试、笔试、复试，条件相对严苛。

22 岁的孩子面对本校开出的条件，巨大的诱惑让他有些动摇。一面是丰厚的利益，一面是自己热爱的化学，他犹豫了很久，做出了选择——前往中科院继续深造。之前英语偏科，他便花了 4 个月的时间拿下了英语六级，以第一名的成绩考入中科院。

一次聚会，我问他：“觉得现在的生活辛苦吗？”

他点点头说：“辛苦，真的辛苦，这是一个高危的职业，有做不完的化学实验。但我还是选择了坚持，因为我太喜欢了，为了它，苦也不算什么。我想过上自己想要的生活，现在不吃苦，难道等 40 岁的时候再吃苦吗？”

老辈儿人常说一句话：平平淡淡才是真。

大多数的人，都过着平淡的生活，拥有小小的梦想，世上没有几位美国总统，也没有几位马云。

所谓的“平平淡淡”，不过是历经大风大浪后的豁达态度。

01

到底何为平平淡淡？答案仁者见仁，智者见智。有些人梦想 18 岁考上大学，轻松度过 4 年，30 岁有房有车，娶妻生子，40 岁安逸退休，环游世界，50 岁在家遛狗逗鸟，喝茶品人生。一生轻轻松松，平平淡淡。

但年轻时轻松自在，老来便不会有平平淡淡的生活，只有悲苦交加的现实。

有人说，20 多岁的年纪就该好好享受青春，享受当下的生活，青春易逝，要握紧时光，没事出去旅旅游、逛逛街。但事实真是如此吗？

我在朋友圈中经常会看到一些微商，其中有一位姑娘做零食生意，主业是经营一家自己的养生品店。认识她的人都觉得她运气真好，家里有钱，给她开了一个门店，毕业后不用朝九晚五地工作，不用看上司的脸色，日子过得很舒心。

之前，我也抱着这种心态。5 月份参加大学同学婚礼时，恰好我们坐在一桌。那是毕业两年后我们第一次见面，聊了许多。

那次聊天后，我才知道，姑娘现在的生意做得不错，但并非因为父母的投资关系。姑娘说，生意起步时的客户全是自己在大学期间积累下的人脉，上学时，她每天都会拿着几个装满零食的大袋子去各个宿舍，挨家挨户地推销商品。

态度好的会对她笑笑，买点零食，态度不好的直接将她拒之门外，还会被宿管阿姨责备。但她没有放弃，坚持了下来，微信里的好友越来越多。现在的她开始学习 PS，学习摄影，自己的门店也有稳定的客群。

这一切都来自她大学期间的坚持和努力，别人只看到她人前的风光，却从未看见她背后的成长。

20 岁不应是享受的年纪，而是吃苦的年纪。

02

电视剧《北京青年》中，老大何东为了重走青春之路，选择辞去了铁饭碗的工作，离开北京去历练自己。他的举动遭到了全家人，包括未婚妻的反对。

有多少人梦想进入体制内安逸稳定，你却不珍惜。有多少人盼望有一个北京的户口，在这里安身立命，你却不在乎。有多少人希望能有一个高学历的未婚妻，门当户对，你却不珍惜宁可分手，也要追梦。

剧中有这样一句台词：人在年轻的时候，并不一定非要有具体的目标，对我而言，追求内心的幸福感，不断充实自己，才是最重要的。

很多人都是何东的写照，有一份稳定的工作，过着朝九晚五的生活，没有大压力，也没有大追求，希望日子就这样一天天地过去，直到退休。

但他们并不知道，越懒惰，越倒退。

社会的发展从来不会等你，你不努力，早晚会被淘汰，你不吃苦，早晚会有苦吃。

相反，越努力，越幸运。

03

这个社会的生存法则不是顺其自然，而是适者生存，那些所谓的平淡是真，都是在历经千般磨难后成熟的想法。

我不知道努力的结果会怎样，但有一点我知道，当下不流汗，日后必流血。

很多平台上，都会看到这种标题的文章“月挣万元的秘诀”“如何快速成为写作达人”，这种文章看多了，仿佛形成了一种思维定式。那便是：成功很简单。

如果成功真有这么简单，那岂不是无须努力，便可走向人生巅峰了？

比如，大家都熟知的韩寒，很多人对他嗤之以鼻，认为他都没有上过大学，还总是喜欢抨击这个，打击那个。但有多少人知道，韩寒从很小时便喜欢阅读，而且读的全是民国大家的力作。没有深厚扎实的功底，哪有随随便便的成功。

就像有钱人告诉你，钱不重要，学习好的人告诉你，学习不重要。如果你信了，那就真的太天真了。

总之，只有历经千帆浪，方知何为平淡人生。

过去只是回忆，此刻才是未来

01

我们总喜欢做一件事情，那便是回忆过去。

过往的拥有和成功，是我们不舍的一部分。我们总认为，今天的自己是靠着昨天的一切走到现在的，未来的我们依旧要以这些为基础走下去。但我想说，过去之所以是过去，是因为它已经逝去，留下的只有回忆和如今的自己。但真正决定我们未来的绝非这些，而是此刻的你有没有大步向前。

在《极限挑战》中，男人帮去往了一所中学，为那里的孩子们做高考誓师大会。面对一群可爱的 18 岁左右的孩子，明星们的脸上呈现的是希望和美好。

所有的学生并排站在学校的操场上，并处在同一起跑线之上。在他们面前是一条条画好的白线，男人帮向他们抛出 6 个问题，如果满足一个便向前行走 6 步到下一条白线处。

这 6 个问题大致是：你们的父母是不是大学毕业生？他们有没有打算送你们出国？有没有培养过你们某项兴趣爱好？有没有为你们请

过一对一的家教？6 个问题问完后，只见最初同一起跑线上的同学们逐渐有了差距，他们其中的一些人走到了第一排，有些人在中间，有几个仍在原地徘徊。

那时的他们觉得自己的人生仿佛被定格了，我们才 18 岁，怎么会有如此大的差距呢？

未来的我们该怎么办？

02

这样的疑惑在我的人生中也时常出现。

我成长的过程中，我质疑过自己，也否定过自己。没有优秀的父母可以给我提供优质的教育条件，自己也没有丰富的人生阅历，可以支撑着自己走到更远的地方。

这样的质疑声在我的耳畔经常响起，我甚至觉得自己的未来也不过是平庸一生，仅此而已，那些我所向往的优质生活永远对我关上了大门。我也曾无数次地放弃过自己，高考的失利、既有的环境、自身的条件，我好像真的不是努力就会成功的人。

当一件事情无法达到自己的预期目标时，我便想要放弃，我会觉得自己不是那块料，也没有那个可能性，何必自我纠结，浪费时间呢？和我有着类似想法的人不在少数。

我们都是在普通家庭成长的孩子，没有天资，更不是高知。上着普通的学校，过着普通的生活。会经常感到莫名的无力，会惶恐自己的未来究竟在何方。

我们真的可以靠努力改变自己的命运吗？

我们真的可以从相差甚远的起跑线超越别人吗？

说到这里，你可能会问，那你是不是真的放弃努力了？或许这是很多人的答案，但我想告诉你的是，并非如此。即便想放弃的念头经常有，即便我此刻的起跑线和很多人相差甚远，但在我的心里一直有另一个声音告诉我：或许，你能行。

《极限挑战》的故事还没有结束。那些分布在各处起跑线的同学们，得知了这样一条信息，在他们前方不远处有 20 份礼物，只要你能冲进 20 名，你便可以拥有。

这意味着你仍旧有机会去到那个地方，取走你心仪的东西，只要你愿意去奔跑。而此刻的他们，再没有所谓的父母帮助、外援支持，想要获得礼物，只有靠自己。你想有多拼，就有多少动力。

哨声响起，所有的同学拔起双腿向前冲刺，他们没有第一和最后的区别，只有谁比谁跑得更快、更用力。

最终，有 20 名幸运的同学得到了礼物，这其中有很多是起跑时处在劣势地位的同学。此时，得到礼物的同学赢得了一场完胜和反超，操场上剩下的同学被一堵墙阻隔在了外围，他们看上去没有了希望。

但真的是这样吗？只见屋外的孩子用身体撞开了那堵阻碍他们前行的屏障，冲进了里面，依然和那 20 位同学并肩站在了一起。

决定我们未来的并非过去的积淀，而是此刻的我们。当我们离开了温床、离开了父母时，所有人都只能靠自己，用力奔跑。

03

高考失利的我沮丧了很久，我不知道自己的未来在哪里，学习着自己不喜欢的专业，我认为自己的人生从此便没有了希望。

刚刚参加工作时，看到很多同学考上了研究生，或者从名校毕业去往了心仪的企业就职，而我却做着普通的工作，拿着普通的薪水，我不知道我的未来会怎样。

但每当我想放弃的时候，另一个我会告诉我：“你不要放弃，现在的你，不代表未来的你。”

于是，我选择了考专升本，我用 9 个月的时间告诉自己，我也可以完成自己最初的目标。即便基础差，我也考下了很多证书，还获得了国家励志奖学金。

我开始努力工作，很多东西我不会，那我就用心去学习去积累。

25 岁，在很多人看来这是一个女生的人生将被定格的年纪，我却选择辞去了工作，开启了新一轮的学习和挑战，打算在 30 岁之前，实现一些我从前不敢想的目标。

但我知道，每一次的进步都是努力的结果。现在的我，仍旧是个普通人，无名无利，做着普通的事情，过着平凡的日子。

可我不再质疑自己，也不再恐惧未来。

很多事情，我们之所以害怕，是因为我们没有奔跑的动力，也没有继续挑战的勇气，我们被很多现状所束缚，我们不敢去突破。

27 岁的大学同学今年考上了研究生，依然在汲取知识，完成自己的目标；32 岁的表姐开始学习化妆、摄影，开辟自己的业余生活；78 岁的外婆开始学习电脑知识，希望可以用网络认识新的世界。

想进步，想变得更好，现状永远不是阻碍，真正的阻碍是我们自己的怯懦和放弃，是从内心承认自己是个失败者。每个人的起点都不同，但我们的终点也不同，谁知道你是不是第一个跑到终点的人呢？

只有跑起来，才知道行不行，只有用力跑，才知道能跑多远。用力去跑吧，管他明天是什么，跑起来，才能看得见未来在哪里，脚下是什么。

过去只是回忆，而此刻的我们才是决定未来的关键。

越长大越明白，取悦自己是件很酷的事情

我们总认为最好的生活状态是“合群就好”，不愿意把自己打磨得熠熠闪光。但如果这样，即使是金子也会习惯于平庸，泯然众人。

01

为了生存，我们选择合群，但不要为了迎合别人而拼命去合群。

昨天，在读者群里有位朋友 @ 我，问了这样一个问题：“低学历的人和高学历的人能不能平等地对话？”

说实话，看到这样的问题，我不知该如何回答。关于社交，本就是一个很庞大的话题，与每个人的经历、阅历、性格，等等，都有着密切的关系，很难用一些固定的字眼来诠释这个问题。

但我思考了一下，还是给出了回复：朋友靠的是三观契合，任何关系都需要势均力敌。

无论是朋友还是情侣，都需要彼此势均力敌，没有了这种相对的平等，很难维系和谐的状态。我们不得不承认，实际生活中存在着很多的不和谐，这其中包括不得已而维系的某些关系，为了生存，为了现实，为了梦想。

渐渐地，我们学会了伪装和强颜欢笑，学会了所谓的“合群”。

在大学中，为了拓展人脉我们会参加各种社团，努力交流、沟通，哪怕自己不喜欢；在工作中，为了合群我们不吝言辞，学会了伪装真实的自己；在社会中，为了能与优秀的人交朋友，我们学习自己并不喜欢的事情，说着自己并不擅长的话语。

这些我们都会面临，并且无法抗衡，但在这些无可奈何的社会生存法则之中，我们能否单纯为了自己而快乐地生活呢？

没有必要的群不必合，没有必要的人不必交，没有必要的关系不必去维系。

生活已经如此不易，为何不能取悦自己？

02

不值得的人不留恋，不值得的事不纠结。

大学时的一位朋友是个姑娘，她喜欢了一个男生很多年。

他们相识于一场辩论赛，二人作为正反双方，在辩论赛后互留了联系方式。事后，女孩开始搜集各种关于男孩的信息，比如他是什么星座的，有没有女朋友，喜欢什么样的女孩……

她喜欢拉着室友一起去听男孩班的课，从来不去图书馆看书的她，为了能见到男孩而经常光顾，只为能多看他一眼。

大二的圣诞节，女孩鼓起勇气，给男孩发了微信，表明了自己的心意，但男孩却拒绝了。女孩伤心吗？答案是肯定的，但她没有放弃，一直追到大四，这期间，她为男孩烫了卷发、学了化妆、穿上了高跟鞋，只因为男孩喜欢这样的姑娘。

毕业时，男孩考上了外省的研究生。男孩找到她，希望她以后不要再喜欢自己了，因为“我真的不喜欢你”。

从那之后，女孩再也没有联系过男孩。现在，女孩在长沙工作，男孩在哈尔滨，他们删除了彼此的联系方式。女孩说：“现在想想，我不后悔，只是如果重新让我选择，我不会再爱得那么卑微了。”

我们以为的付出，不过是委屈了自己，成全了别人罢了。最后伤害了自己，别人却一笑而过。

学着放手，对那些出现在生命里，但却不是那个对的人，说声再见，不留恋，也不必怀念，他们只是漫长旅途中的匆匆过客，若干年后，我们会毫不经意地想起那个人，淡淡一笑。

所谓不值得的人，便是如此，但值得的是，他们教会了我们成长，这便足矣。

胖子春节回来后，和他聊天，语气中，能感觉到他有心事。我问他，怎么过年回家几天，开始装深沉了。

胖子长长地叹了口气说：“你不知道，这个年过的我哪哪都不舒服，参加了一场同学聚会，本以为两三年没见的我们会聊得很开心，但没想到，这却是一场备受刺激的聚会。”

我有些糊涂，听他继续说着。

“我们高中毕业快八年了，这拨同学也好几年没见了。可一见面，聊的不是过去，而是现在。谁谁在上海的银行工作，家里准备买房结婚了；谁谁刚从国外回来，在大学当了老师；谁谁的老公又升职了……这些听得我浑身不舒服。就我一个二本毕业的，在合肥工作，拿着几千块的薪水，我不想攀比，但不得不比。谁都有虚荣心，谁都不想太没面子啊。”

我听后深有同感。很长一段时间里，我也处于与他人攀比的阶段。

羡慕别人成绩好，羡慕别人聪明优秀，羡慕别人漂亮高知。我试过进入他们的世界，但我发现我很累。不喜欢，不擅长，更不开心。

为了迎合别人，我常常将就自己去做不喜欢的事情，去纠结自己不可能做到的事情。

越长大越明白，不必要的迎合和将就是在浪费时间，最后只会让自己更加狼狈不堪。

越长大越明白，给生活做减法，取悦一下自己，也是件不错的事情。

03

学会取悦自己，让自己变得更优秀，想要的东西会越来越靠近自己。

当我们开始放弃那个将就的自己，学会为自己而活的时候，我们会变得自信和快乐。

工作的时候，就做好本职工作，配合好同事，做好计划，和领导充分沟通。在工作之外，就提升自己的技能，无须讨好和巴结，也会收获升职加薪。好的上司看重的是能力，而绝非拍马屁的虚伪。

社交中，和聊得来的人交谈，和志趣相投的人交往。优秀的人是值得学习和交流的，并非只是为了虚荣。在这个过程中，我们会遇到真心的朋友。

生活中，多给自己一些时间，培养属于自己的爱好，比如弹琴、练字、读书、做手账，等等。周末和朋友看上一部电影，吃上一顿美食，买来自己喜欢的花花草草，晒晒太阳。

当我们开始爱自己时，我们才会发现，生活不只苟且和迎合，还有很多美好的事情。

多给自己一些鼓励和拥抱，我们本就很棒，应继续努力生活，努力变好。不要委屈了自己，而忘记了生活本来的样子。

生活本就是多姿多彩的，只是我们未曾发现，不是吗？

学会取悦自己吧，这也许是我们能为自己做的最酷的一件事了。

最好的孝顺，是先把自己照顾好

每逢写到关于亲情的话题都会有些踌躇，不为别的，因为自己尚未为人父母，实在没有底气来评判父母的立场和观点。

作为子女，我却很有发言权，因为我就是那个“不合格”的孩子。谈不上听话，也谈不上叛逆，时而顶嘴，时而与父母争吵。

也许是我还未真正地长大，也许是我仍旧生活在他们的宠溺之下，也许我压根还不懂得什么是爱。

01

小时候，我们经常会说到长大后的事情，其中包括了一件回避不了的事，那便是孝顺父母。

这个儿时的誓言在如今已经长大的我们看来，仍旧遥不可及。不可否认，我们大多数的同龄人，仍旧生活在父母的扶持之下。

上大学，需要父母负担学费生活费，偶尔我们还会任性地找他们多要一些，为了买件新衣服，为了添置新装备。工作后，还需要父母的支援，由于刚刚起步，处处花钱，看着押一付三的房租，看着四位数的存款，即便不好意思，但能伸手帮助我们的只有他们。

结婚时，我们需要父母掏出积蓄买新房、出彩礼、办婚礼，对于他们而言，这是我们一生中最重要的事情了，花再多钱都不会计较。

你看，我们是长大了，但我们却没有做到儿时的承诺，我们仍旧一无所有，但他们却毫无保留地支持我们的一切。

曾经看过一篇文章，记录的是母亲来京探望自己的故事。母亲是农村妇女，一辈子没来过北京这么大的城市，一切都是新鲜的。他带着母亲去吃饭，母亲舍不得点贵的菜，去看电影，母亲更是舍不得，带她出去玩，她也怕儿子花钱，不愿意去。

临走时，她给儿子留下了一冰箱的食品。送走母亲后，他在自己的枕头下发现了母亲留下的 1000 块钱，对他来说 1000 块不算什么，但那却是母亲能给他的全部了。

这 1000 块也许是母亲省吃俭用很久攒出来的，也许是明明可以睡卧铺，却要坐硬座省出来的。

我们还未成为他们的铠甲，他们却一直是我们的后盾。

02

《请回答 1988》中的德善一家，父亲偏爱姐姐和弟弟，家中的老二德善从小便学会了忍着姐姐，让着弟弟。她从未过上一个属于自己的生日，鸡腿永远都不是自己的，妈妈不知道原来她也喜欢吃鸡蛋。

宝拉得到了最多的宠爱，却始终不知道父母对她的爱，弟弟是家中的老幺，但他也是最不敏感的那个人。在父亲退休那年，他们都已长大，在退休仪式上，三个孩子送给了父亲一份礼物。那是一封长长的感谢信，我依旧记得，上面写下了这样一段话：

作为爸爸的女儿，和作为儿子，没能说一句暖心的话，没能陪你喝一杯酒，没能先拥抱你，没能说我爱你，还有，没明白爸那个称呼的重量，所以抱歉，又抱歉。即便如此，就像毫不吝啬的树木那样，对宝拉是值得尊敬的父亲，对德善是朋友一样的父亲，对余晖是可以依靠的父亲。

长大后的姐弟三人，终于体会到了父母的爱。第一次为人父母的他们、笨手笨脚的他们、没有给我们最好生活的他们，一直都是我们最强大的后盾。

也许他们没有给我们富裕的生活，但却把所有的爱和最好的一切都给了我们，而我们始终没能为他们做些什么，甚至时常会顶撞他们，责备他们。

也许，只有面对最亲近的人时，我们才会肆无忌惮、不计后果。但我们都忘记了，他们也会伤心、也会难过，只是他们永远都不会去说，并把所有的不悦都藏了起来。而我们又是那个最粗心的人，会发现身边人的心情好坏，会在乎微博上毫不相关的动态，却不会去关心一下父母的感受。

03

我们还不能一眼望见父母老去的样子，但他们却正走在那条渐行渐远的路上，不声不响，没有迹象。

不知道哪一天，父亲的白发又多了，母亲的皱纹又加深了，我们总以为我们还小，时光尚早。可谁又知道，我们年近而立时，他们也已暮年将至。

时间不会和任何人打招呼，它是最残酷的利器，让我们不得不重新思考究竟该如何与父母相处。

也许，我们要做的很简单，先把自己照顾好，再照顾他们。这看似有些自私的做法，是当下我们最好的选择。

要知道，能把自己照顾好，不给父母添麻烦，已经是件不易的事情了。

如果你还是学生，就少一些攀比，多一些扎实，如果有能力，自给自足，如果没有，那就少花一些父母给的生活费。

如果你已经工作了，就少一些抱怨，多一些努力。谁不是一边成长，一边委屈，在外打拼，能自己解决的便不要告诉他们。

如果你已经成家，就少一些责备，多一些谅解。女孩不要太过苛责房子一定要全款，男孩也少要一些排场，房子够住就好，房贷可以两个人一起还，婚礼欢乐就好，面子不过是满足自己的虚荣心。

我们无法做到将我们最好的东西都给他们，但也可以让他们少为我们担忧些、操劳些。

这是最好的孝顺。如果有能力，让他们的生活更自在些、更快乐些，去做一些年轻时为了我们而放弃的事情。

那个从未让你们骄傲，你们却始终视为珍宝的我，在慢慢长大，在努力强大。纵然时光走得很快，但我依然会努力追赶上你们老去的步伐。

爸妈，你们再等等，我很快就有出息了

小时候，我喜欢看《哆啦 A 梦》。一直到大学，每逢寒暑假回家，坐在电脑前还是很喜欢看这部动漫。

也许我是羡慕小叮当的神奇魔法，可以帮助大雄实现所有的心愿吧。

我妈总是说我，这么大的人了，还喜欢看动画片。她无法理解我对于这部动画片的喜爱程度，我多么希望自己是大雄，也有一个像小叮当一样的朋友，可以帮我实现很多心愿。

比如，自己可以永远是个孩子，可以任性，可以撒娇，可以肆无忌惮地享受青春；比如，自己可以和喜欢的人在一起，牵着手一起到老；比如，越长大，越希望父母可以慢些老去。

长大后才发现，最怕辜负了自己的梦想，最怕辜负了父母的期望。

01

2017 年年末，我在朋友圈发起了一项话题征集活动：写下有关于你的 2017 年的小遇见或 2018 年的小愿景。

在收到的留言中，有这样一条我记得很清楚：过去的一年，我遇见了毕业，遇见了走入社会的自己。新的一年，希望可以经济独立，不再让爸妈担心。

姑娘是2017届的毕业生，工作了8个月，但每月的工资都不够开销。在上海工作的她，捉襟见肘的工资连一顿朋友间的聚餐都不舍得吃。

原本带着梦想来到这里，但现实却不如她设想的那般美好。姑娘和我说，有一次得了阑尾炎，自己打了“120”去了医院，到了交医药费的时候才发现，自己连几千块的手术费都拿不出来。最后，她还是拨通了父亲的电话，家里人很着急，立刻从老家赶到上海去照顾她，顺便把手术费也补交了。

姑娘很愧疚，她觉得自己本该独立自主了，本该让爸妈享享清福了，却还在依靠着他们。姑娘从此发誓要努力，将来把父母接到上海，给他们最好的生活。

小时候，父母是我们的避风港，我们永远不必担心风浪的侵蚀。长大后，这座避风港年久失修，已经没有了抵抗风雨的能力，在需要我们替他们遮风避雨时，才发现，我们的铠甲还未坚固，仍旧靠着他们安稳度日。

那种愧疚感和自责感，油然而生。

02

阿城毕业后离开了合肥老家，因为工作原因定居在南京。

前不久，他给我发了条微信，晚上10：30，我躺在床上，看着他发来的那段文字。

“我今天又被老板批评了，如果下个月的销售业绩再不达标，可能要采取末位淘汰制了。我来南京两年了，到现在还是租不起每月1200元一间的房子，我有点待不下去了。”

阿城的老家是合肥农村的，家里还有一个读高中的妹妹。阿城考上了合肥的大学后，父母都以为他有出息了，可以养家了，自己也能松口气了。阿城从小就知道自己的责任，作为家中唯一的男孩，他需要照顾妹妹，给父母养老，并攒下自己结婚的钱。

所以，毕业后的阿城没有选择留在合肥当老师，而是去了南京做起了销售。也许是因为南京的机会多，也许是因为销售的收入高。虽然阿城喜欢和孩子待在一起，师范毕业的他想成为老师，但为了这个家，为了父母，他放弃了喜爱的职业。

在南京两年的时间，他换了三份销售的工作，搬了两次家，从4个人合租到两个人合租。如今，妹妹还有一年就要上大学，父母的年纪也越来越大，处处需要用钱。阿城的公司实行了销售末位淘汰规则，这使得本就不擅长销售工作的阿城更为被动而难堪。

我给阿城回复了一句：“不行就换个稳定的工作吧，别勉强自己做销售。”

许久之后，阿城回了我：“我也想啊，但稳定的工作赚钱少啊，我再努努力吧，再多打拼几年，至少等妹妹大学念出来。父母太累了，我不想让他们太辛苦。”

我们总是害怕辜负了爸妈的期望，怕他们失望。

也许，他们不需要你富有，只希望你平安；也许，他们不需要你光宗耀祖，只盼望你快乐健康。

我们在长大，他们在老去，时光是不可逆转的事实。我们能做的，便是让自己过得好一些，少让他们担心一些。

03

《哆啦A梦》里有一集叫“希望回到那时候”，长大后的大雄怀念小时候的自己可以肆无忌惮地长大，可以放任地玩耍，有人宠爱有人疼。于是，他坐着“灵魂穿梭机”回到了婴儿时期。

他享受着父母对他无尽的爱，幸福而温馨。

回到现实，他看到对他一贯严厉的母亲正抱着自己，哭得很伤心。大雄妈妈因为大雄停止了心跳而哭泣，大雄这才意识到，如山般坚强的父母其实也很脆弱，他们也需要依靠，而自己便是他们全部的精神寄托。

他守在妈妈身边，唱起了那首幼年时母亲经常哄他入睡的歌曲，他静静地看着妈妈的脸庞。

原来，曾经你是我的港湾；未来，我也要努力成为你的依靠。

我们步履不停，父母早已追不上我们长大的足迹，我们也忘记回过头来看看日益衰老的他们。

我们总想着“再等等”，等我们有出息了，就可以好好地孝顺他们了；带他们去世界各地，看遍繁花美景。但时间有时容不得“再等等”，无论你现在身处何地，你取得了何种成就，你都是他们的骄傲，也是他们的安全感。

那句歌词说的好：常回家看看，哪怕是帮妈妈刷刷筷子洗洗碗。

给他们打个电话吧，他们一定在等着你的声音。

有些话，需要现在说；有些事，需要现在做。

与父母的辩论赛中，我们一直是失败方

01

“喂，妈，什么事？”小袁接起妈妈从老家打来的电话，此刻的小袁刚刚开始工作，中午还没睡醒，揉了揉眼睛，有些不耐烦地和妈妈聊着。

“没事，你一个多星期没给家里来电话了，妈不放心。”小袁的妈妈有些着急。

“哦，我忘了，最近太忙了。”

“妈知道你忙，所以没敢给你打电话。”

“啥事啊妈，我待会儿要上班，不能说太多。”

“好……好，也没啥事，就是我早上刷朋友圈的时候，看见一条新闻，说是一个姑娘晚上在公园溜达，被陌生男子伤害了。”

“这种新闻太多了，你没事少看些这种东西。”小袁捂住电话，生怕电话那头妈妈的声音被同事听见。

“妈知道，妈就是担心你。你一个丫头在外地工作，晚上少出去，别和不好的人来往，听见没？”小袁妈妈说着说着已经带了些哭腔，小袁能清楚地听到妈妈急促的呼吸声。

“哎呀，妈，你真是瞎操心。这么多年，我不都是一个人嘛，也没出过啥事啊，有啥可担心的，我都多大了。”

“妈知道，妈知道，你自己小心点就好。我和你爸都很好，就是担心你，你说你都多大的姑娘了，有合适的该找个对象了，这样也有人照顾你。”

小袁把电话拿开耳旁，眉头紧锁，嘴巴里嘀咕着：“又来了，又来了！”

还没等妈妈把话说完，小袁赶紧插了句：“行了，妈，我要开会了，有什么事情回头再说。”说完，小袁就把电话给挂了，十分快准狠。

这是我朋友的真实故事。

我们的身边总会有一些这样的“话痨”，一个电话要把所有的话全都说了。

这些“话痨”便是我们的爸妈。

02

随着我们的长大，爸妈的语言表达能力仿佛也日益见长。每一次的面对面交流都成了一场“斗智斗勇”的语言大战。

我们总想快速在技巧上占领高峰，将老爸老妈的气焰打压下去。但时间久了，我们发现，这是一场永远也不可能获胜的辩论赛。我们进一步，他们便进两步，甚至三步，一定要将此次辩论的中心主题贯穿于始终。

我们唯一能做的就是迅速撤离战场，以守为攻。

但却出现了另一个问题，如果此轮辩论未果，爸妈就会另择时机，再度出战。

他们获取信息的渠道多种多样，比如微信朋友圈中各种防骗、防狼的公众号文章；比如隔壁邻居家大婶的八卦消息，只要有一丝一毫与我们能够挂上钩的信息，便足以成为他们的辩题。

面对与父母的唇枪舌战，不同的人有不同的应对方式。

比如退让型。说不过，就假装在听，一边假装应声，一边按照自己的方式继续做事。比如强硬型，就像朋友小袁，她一定要与妈妈争出高下，并且要以压倒性胜利收尾才算。比如敷衍型，当父母开启话痨模式时，他们总是想方设法岔开话题，避免与父母发生正面交锋。

另一位在合肥工作的朋友，老家在异地，坐高铁回家仅需一小时的时间。这成为了她父母经常光顾的缘由。在朋友每次想要出去“通宵达旦”时，在朋友每次邂逅男神时，父母总会给她来个惊喜，大包小包地从老家赶来。

由于朋友的房子是父母出钱付的首付，当时交房时父母也留了一套备用钥匙，于是便出现了下面的画面：

朋友带着同事们兴高采烈地回家准备办个聚会，一开门，却发现老爸正在打扫卫生，老妈正在厨房里刷锅，朋友当时气得差点背过气去。

同事们觉得尴尬便先行撤离了，剩下朋友与父母三人。朋友什么也没问，张口就是一句：“你们怎么又来了，也不跟我说一声。”

朋友的父母被朋友说得不敢吱声，只好呆呆地站在原地。

“我们来这边参加朋友的婚礼，马上就走，酒店就在这附近，就想着今天周末来看看你，但你不在家，就帮你收拾收拾房间。”

很快，他的父母便走了，桌上留下了给朋友做好的晚饭和 3000 块钱。

03

面对与父母的这场辩论赛，很多情况下看上去我们都是胜利的一方，有时还会把父母弄得哑口无言。

我们总想取胜，但殊不知，我们一直是失败的一方。

《摔跤吧，爸爸》中，当两个女儿开始针对父亲一系列的训练计划采取抵抗措施时，她们的一位朋友说了这样一番话："我多么羡慕你们的爸爸，他虽然严厉，但至少是真心希望你们好，不像我，为了缓解家中的经济压力，14 岁就要嫁给一个我不认识的男人，从此相夫教子，结束一生。"

女孩说完就哭了。

没错，当我们想方设法抵御父母的各种话痨时，还有那么一群人，连想得到父母的一句问候都没有机会。

在与父母的这场辩论赛中，我们其实一直都是失败方，所有的不耐烦、不乐意，只因父母的那些唠叨和叮咛。当有一天，我们再也听不到他们的叮嘱时，也许，我们会后悔当初的那些不懂事。

如果说这世上有谁真正地关心我们，那便只有我们的父母。有些事，我们年轻的时候并未察觉，一旦错过，便留下了遗憾。

不如从现在起对他们多一些耐心，多一些回应，让他们开心一些。或许，我们并没有那么排斥。

越到春节，越发孤独

01

2018 年的情人节和除夕夜凑在了一起，有人说，今年的两节是几家欢喜几家愁，很多人忍受着孤独，一觉醒来，却又遇见了团聚。

不知道你是否和我一样，会觉得越热闹，越孤独。

除夕当天我依旧早早地起床，看书背单词。上午吃了个买了半个月之久的苹果，已经不再甜脆，面面的，咬在嘴里并不美味。

临出门前，化了个妆，夹了头发，去大伯家吃饭。这是每年除夕的传统，爷爷奶奶过世后，大伯便长兄如父。我是最后一个到的，进了门，二表姐上来迎接我，她穿着一身蒙古族样式的小棉袄，白色的雪地靴，看上去很年轻，里屋坐着姑姑和姑父。

我挨个向长辈打了招呼，对于新年，我已没有儿时的期盼和憧憬。吃了饭，我便早早地回了家，晚上继续去外婆家吃年夜饭。大家坐在一起刷着手机，距离很近，心却很远。

晚上，我拖着有些疲倦的身子，顶着风回了家。躺在床上，开始回复收到的信息，编辑照片，发了公众号，在各个群里逛了一圈，和大家说声除夕快乐后便把手机调成了静音，开始听音乐。

我没有守在电视机前看春晚，也没有刷微博，只是安静地躺着听手机中播放的音乐。

窗外少了很多放鞭炮的人，几束零零散散的烟花照亮了夜空。

我抱着手机，却没能撑到零点，半夜醒来，看着大家发的朋友圈，期盼着来年一切顺利，家庭幸福。也许是因为每年都写，今年突然不愿意写下新年的祝福了，有些愿望想放在心里，只告诉自己。

记得曾经在一家冒菜店看过这样一句话：冒菜是一个人的火锅，火锅是一群人的冒菜。

看到这句话的时候，我的心莫名地紧了一下。也许，我们喜欢热闹，不过是为了掩盖自己内心的孤独感，所谓的合群，不过是为了表现自己的普遍存在性。

越热闹，越孤寂。

02

儿时对于过年的渴望是强烈的，我们在那个早已不缺物质的年代，仍旧保有对春节的向往，喜欢看烟花升入天空的绚烂，喜欢听爆竹响起的声音，更喜欢一家人的聚首、祝福。

如今，祝福越来越多，不过是换成了微信的方式，一连串祝福的话群发给 200 个人，自然失去了一些曾经的感觉。如今，红包越来越鼓，没有了小时候的繁杂礼节，形式也越来越简单，但年味却越来越淡。

一桌子丰盛的年夜饭，大家却只想吃点素菜，想放挂鞭炮，却找不到一家售卖的店铺。

昨天，接到一位朋友的祝福电话，姑娘在天津，今年是她离家后

第一次回家过年，去年的除夕一直在工作。

姑娘说：“你知道吗？去年没回家，我感觉特别不是滋味，看着别人家灯火通明，热热闹闹的，我便和几个朋友一起去了一家川菜馆，吃了家乡菜，算是把年给过了，我多想回家啊。”

“今年我回来了，原本以为会很开心，但回到家才发现和想象中的不一样。父母什么年货也没准备，每天要花时间出去走亲戚、聚会。到了亲戚家，有的没的说上几句，接着就问我对象的事情，接到同学的电话也不是祝福，而是结婚的消息。距离远一些，会多一些思念，真的回来了，却越来越孤单。”

越过年，越孤独，是因为我们再也找不到向往的意义和团聚的感觉。

同学聚会也成了互相攀比：你今年升职加薪了吗？你家娃准备上什么幼儿园，报了什么学前班？

想和家人好好聊一聊，不是这个忙，就是那个要回家包饺子，一顿匆匆的年夜饭草草地结束，仿佛成了一次盛大的友好会晤。打开电视，看着春晚，恨不得能快进，终于等到自己想看的明星时，早已昏昏欲睡。

一年又一年，年岁在长，但年味却在递减。

03

为了掩盖内心的孤独，我们强装着合群，走亲访友，约见朋友。

记得刘同的书中有这样一段话：曾迫切想与一个人好好聊聊，不仅是寒暄，而是真正的交流，却发现共同的话题更换了无数遍，熟悉的人早已不再拥有曾经的情怀，我被无数个“哦”“好吧”打败。不合群只是表面的孤独，合群了才是内心的孤独。

我们合了太多的群，到最后才发现自己越来越孤独。找不到一个点，可以支撑我们内心的安稳。

这样的感觉总是在我们的心里弥散。是我们太浮躁，还是我们真的变得越来越无趣?

我想，或许是我们彼此之间少了一些真心的沟通吧。我们可以试着把心打开，即使找不回从前的感觉，但至少也会拥有一个想去期盼的春节。

和爸妈坐在一起，泡上一壶茶，聊一聊这一年自己的生活，他们一定愿意听。早上和妈妈一起去超市，买些爸爸喜欢吃的腊肉、妈妈爱喝的米酒，还有自己喜欢的辣味香肠。

就算春晚不好看也要打开电视，听听那些合家欢乐的声音，看着熟悉的主持人数着新年倒计时，一家人围坐在一起包饺子，也是一种幸福。

遇见了亲戚，就打个招呼，把所有的问候都当作一种关心，好心地感谢，真心地祝福，也就足矣。约上几个儿时要好的玩伴，选一个碰头的地点聊聊天，少一些炫耀和做作，多一些真诚和热情。

过年，不只是一种形式，更多的是一种期盼，如果说，小时候我们向往过年是为了寻求欢乐，那么如今，我们便要带着团聚和真心去迎接新年。

大年初一早上，我拉开窗帘。柔柔的阳光照在我身上，和朋友们说了新年快乐，吃了最喜欢的韭菜馅饺子，和哥哥姐姐们约着下午出去聚会。

新年依旧值得憧憬和期盼，因为有家，有人，有爱。

这个春节，我花完了所有的年终奖

提起过年，很多人都表示年味儿越来越淡，其实不是年变了，而是我们长大了，不再像儿时过的春节，满心期待，翘首以盼。

从前的春节可以放烟花，今年却安静如常日；从前的春节期盼着新衣服，如今却害怕逛街；从前的春节孩子们期待着长辈们的压岁钱，如今长大的我们，没有了红包，而是自掏腰包。

曾经，在央视的一则新闻中看到了这样的一个调查：年轻人为什么害怕过年？排在前三位的分别是：经济压力大、害怕尴尬的同学聚会、躲避父母的催婚唠叨。

经济因素成为了我们害怕回家过年的罪魁祸首。

01

过年期间和几个同学聚了聚，几年未见的我们变化都不小，有些从老家去了上海，有些从北上回到了家乡，有些开始谈婚论嫁。

坐在我旁边的是位男生，从事金融业，福利待遇中等水平。饭间，我们聊了起来，同学叹了口气说：“今年是我研究生毕业后第一年参加工作，也是毕业后第一次回家过年。年前，单位刚刚发了年终奖，不多不少，正好 20000 元。一个春节，几乎花完了我所有的年终奖。”

我露出惊讶的表情，因为我无法想象，在家短短的 7 天如何花去 20000 元。

同学简单地给我算了一笔账：给父母一人一个红包每人 2000 元，爷爷奶奶 2000 元；家里有 3 个侄子、外甥，每人包了 300 元的红包；春节期间，恰逢两位同学结婚，关系比较好，每个人的份子钱均在 1000 元；和自家兄弟姐妹聚餐，同学聚餐花费在 2000 元；为家里添了一个大件——电视机，花费近 5000 元……

这样一算，的确是接近 20000 元的开销。我调侃道：“这也说明你能挣得到，别郁闷了，过年嘛，终究是要花钱的。”

同学摇了摇头，表情很是无奈。苦笑着说自己孝顺，加之爱面子，能自己出的钱全都自己出了，本想着这笔年终奖还能留着出去旅游用，何曾想到，一个春节就全部贡献出去了。

过年花钱成为了一种攀比，更成了一种还人情的方式。

不花不合适，别人都给了，我不能不出，为父母花钱，更是应该。但花了更心疼，除了父母，其余的都是为了面子和随礼，心不甘情不愿。

不知从何时起，春节成了互相攀比的节日，更成为了我们害怕和逃避的节日。

02

朋友小董去年攒钱买了辆车，花了二十万左右，今年过年，他开着车载着女朋友回了家。其一是为了所谓的面子，其二是春节的票实在难买，而且带的年货又多，开车比较方便。

这本是一件皆大欢喜的好事，却给小董带来了不小的麻烦。

父母是好面子的人，知道儿子开了车回来，招呼着自家姐妹还有老年大学的朋友，让儿子开车带他们去附近的公园转转，说是附近，开车来回要三个小时。

几天下来，油费比预计高出了好几倍，不光如此，郊游中的各种开销全都由自己负担。母亲说，这都是情谊，妈回头还你，咱家有车，多方便。

小董欲哭无泪，发誓明年宁愿挤火车，也不开车回家过年。

03

我们不愿攀比，却又无处躲避。

朋友结婚，给多给少取决于对方给过的礼。但对于没有结婚的我们，一个重要的衡量标准就是看别人给了多少，别人给了500块，我们也不能低于这个数，太多了负担不起，太少了没有面子。

同学之间一年、甚至几年才相聚一次，怎么能随随便便地就去了呢？上街买一身得体的衣服，太贵的没必要，太便宜的穿不出去，花上几千元，从头到脚一身新。

过年了，怎么着也得包上几个红包。给父母的，给小辈的，毕竟工作了，给多给少看自己的能力，但不给绝对不行。

其实，不是我们愿意攀比，而是没有选择，无处躲避。有些礼要出，有些人情要还，有些事要做。

我们能逃的过去，但架不住父母爱面子，带着我们走亲戚、会朋友。哪次见面都要随礼，一箱牛奶，一袋水果，碰到孩子包个红包。

正如曾经在新闻中听到的一句总结：过年回家，相见不如怀念。

04

花钱多少，都是一份心意。

无论是出礼，还是给红包，都是一种表达感情的方式，它们本身不具有意义，是我们人为地赋予了它们各种含义。

但如今，这却成为了比较的筹码、好客的标准、过得好的一种象征。或许真的不是年味淡了，而是我们都变了。

我们是否需要改变些什么呢？

也许这种习俗我们无法改变，但我们可以用其他的方式，尽量减少不必要的开支。对于年货，不用非赶在过年前几天购买，一些保质期较长的年货可以提前添置，这样性价比相对较高。

关于红包，本就是一种祝福形式。如果负担得起，那就多给些，如果不富裕，那就意思一下，实在没有为面子而多给的必要，不要让面子困住了我们的脚步。

关于聚会，就用平常心对待，它本就是一次聚会，是我们想得太多，比得太多，导致聚会变了味，关系也变了质。好好地和同学聊一聊，说说上学时的事情，带着感动和回忆，而不是无穷无尽地攀比和炫耀。聚会本身其实很有意思。

回家是一种信仰，开心最重要。

还记得那首《有钱没钱回家过年》吗？歌词中有这么几句：有钱没钱，回家过年，原来我想衣锦把乡还；有钱没钱，回家过年，家里总有年夜饭。

我们之所以过年回家，是因为在我们的心里，那是一年到头必须要回去的家。那里有等我们的家人，那里有宝贵的回忆。山高水长，路途遥远，我们都要回家过年。

这是一种归属，也是一份牵挂。

不要让金钱成为我们回家的羁绊和困扰，因为那个地方，叫作家。

我只想和舒服的人待在一起

01

网络上最流行一句话：好看的皮囊千篇一律，有趣的灵魂万里挑一。

不知道大家有没有这种体会，和一个聊不到一起去的人待在一个空间中，有一种浑身不适的感觉，像是身上长满了虱子。

这种感觉我如数家珍。在一次和朋友的聚会上，我认识了一位朋友的朋友，因为是校友，所以彼此加了微信。姑娘是英语专业的，所以加微信的时候，我存了一些私心，想着日后找机会向她讨教一些英语学习的方法。

一个星期后，我忘记了加了这位姑娘微信的事。一天晚上，手机突然亮起，原来是这位姑娘发来的消息，一连三串的语音，我没在意地点开听。结果入耳的声音让我从床上跳了起来，姑娘的一声长笑着实把我吓出了汗，那种笑声有些诡异，甚至有些惊悚。

情绪稳定后，我继续听着姑娘的语音，大致意思是问我周末有没有时间一起去逛街。

我有些惶恐地接受了姑娘的邀请。

那个周末，我如期赴约。整整一个下午，那位英语系的姑娘从头至尾没有停止过说话，从她之前交往的男友，到曾经她那段美国游记，事无巨细地说着。那中文中夹杂着英文的表达方式，让我有些不适。

想迎合她说上两句话，但总是以失败告终。我自认为还算是个能聊天的人，但对于这位姑娘，我甘拜下风。现在想来，并非是我不善言辞，而是与一个压根聊不来的人，怎么聊都聊不到一起去。

观念不合的两个人，注定没有默契。

02

朋友小吴刚上大学，进宿舍时他第一次见到了那几位来自天南海北的同学，他知道他们从此便是一个屋檐下的伙伴了。

一次过年回家小聚时，我们聊到了各自宿舍的趣事。

轮到小吴时，他一声接一声地叹气，我们都问他："在宿舍过得不愉快吗？"

小吴摇摇头说："本来以为 6 个人的小集体应该很好相处，但没想到刚刚半学期，我们就形成了几股势力。我平时喜欢看书，下了课一般直奔图书馆，时间久了，他们有些人会说我装，上了大学还这么用功，太不合群了。我实在想不通，就因为他们不看书，我就成了异类？"

小吴的困惑在我的身边不止一次地有人提起。包括我自己也有过这样的经历，在一个小群体中总有些自己的小个性，但在观念不同的人眼中，你就是另类的人，是不合群的人。

一篇关于合群的文章提到了一个事例。在一个公司的部门中有 8

个员工，却建立了 3 个微信群。三两个人便组成一个小群体，他们在群里说着其他群里同事的各种八卦和消息，而同时拥有几个群的那位便成为了传话者。到最后才发现，和你共享秘密的人，居然和另外的同事建了一个没有你在的群，并在其中说着你的坏话。

这个事例很有意思，合群看似是与一群志同道合的朋友组成一个群体，但事实上，有些合群是刻意地迎合，是与一群让你觉得不舒服的人勉强的组合。

和舒服的人待在一起，当你遭遇窘境时，他会选择支持你；当你遇见起伏时，他会安慰你。和舒服的人待在一起，总有聊不完的话题，即便不说话，也能保持着默契。和舒服的人待在一起，你们将会一同成长一同进步，你永远不会想着放弃，或是逃离。

03

在感情中，有些人选择了爱情，而有些人则选择了将就。

L 姑娘在大学期间邂逅了自己的初恋，那时她已经是个 21 岁的姑娘了，而对方则是一个有过恋爱经历的男生。

周围的朋友都觉得他俩不合适，男生有些旧情难忘，时常与自己的前女友联络。这些都被 L 姑娘看在眼里，但她仍然坚持着这份爱情。

两人经常因为这件事情大动干戈，终于，在二人共同考研的那个暑假，男友给前女友打了通电话，正巧被 L 姑娘听见。

L 姑娘扔掉了男生送给她的所有东西，那一夜，L 姑娘没有回去。事后男生主动示好，L 姑娘又重新回到了男孩身边，这样分分合合了几次，L 姑娘终于放弃了这段感情。

无论她如何改变，如何费力讨好对方，却始终无法得到男孩的心。原本美好的初恋成了一场分手游戏。

无论在感情或是交际中，不舒适的感觉总是相似的。没有人愿意穿一双不合适的鞋子走路，脚磨破了，鞋子仍然要扔掉，但舒适也需要有一个从不适到合适的过程。

我们必须要学会放弃那些不舒服的人和事，渐渐地找回属于自己的合适款。

越长大，我们越要给生活做减法，放弃那些不喜欢的东西，舍弃那些不合适的人。最终我们会发现，只有一双合脚的鞋子才会让我们走得更远；一段合适的关系，才能让我们更好地成长。

我只想和舒服的人待在一起，不将就也不迎合。

熬夜的背后，是我们无处安放的灵魂

01

夜晚的灯光昏黄暗淡。你走在回家的路上，手里拿了一杯奶茶，看着街边两旁还在忙碌的商家，看着那些把酒言欢的男男女女，那些行车赶路的车迹，以及那些匆匆回家的背影。

你拉动楼道的门，却发现门被锁上了。你掏出包包寻找钥匙，第一把不对，第二把也不对……直到你在黑暗中终于打开了门，上楼进门后换了鞋。

你瘫坐在沙发上，手里的奶茶依旧温热，看着寂静无声的屋子，鱼缸里的金鱼也不再游动，一切都昏昏欲睡。你已经记不清这是连续加班的第几天，每次都借着月光回到家。

走进厨房，打开冰箱，看着昨晚的剩菜，你发出一声轻叹。

你走进浴室，带上发箍开始洗漱，镜子中的自己脸色憔悴，下午补的妆也没能遮住你的倦态。脸上又冒出了几颗痘痘，你发誓，今天一定早睡，青春已经不在，不能再让岁月的痕迹爬上身体。你快速地洗漱后上床，初春的傍晚仍旧寒冷。

被窝里同样很冷。你打开床头灯，拿了一个柔软的垫子靠在床头，习惯性地打开手机，刷了刷微博，看了会儿小说。

不知过了多久，热门早已刷完，小说也已看完百页，你抬头一看，原来又已经 12：00 了。

02

你强迫自己关掉手机，关上灯闭上眼，祈祷着一定要快速睡着。

于是，一切都安静下来，只有墙上钟表的秒针还在发出声音。

夜，静得有些可怕，仿佛一闭上眼睛就到了明天。你害怕这样的夜，更害怕这样的等待。你睁开眼睛，开始数着秒针走过的每一下“嘀嗒，嘀嗒”。

你想睡觉，因为怕有黑眼圈，但你又不敢睡去，因为怕明天的到来。

矛盾和纠结交织在一起，你已经不记得这样的夜晚有多少个了，每天都是在极度的疲惫中睡去，在极度的不情愿中醒来。害怕明天重复昨日的生活，害怕那些该死的报表，害怕严苛的上司，害怕下季度的房租和月底的信用卡账单。

害怕明天醒来，自己又老去一天。那讨厌的皱纹会加速显现在脸上，只好用浓浓的粉底遮去熬夜带来的黑眼圈，涂上自己并不喜欢的口红，吃着 5 块钱的卷饼，喝着 2 块钱的豆浆，继续挤地铁，闻着那些古怪的香水味和臭脚味。

害怕明天醒来，并不是艳阳高照，而是阴雨绵绵。你总是丢三落四，忘东忘西，早上出门还是多云，下了班却大雨瓢泼。你看着同事们结伴而行或有男友来接，你只能一个人站在门口，等待雨停。

于是，你开始熬夜。开始尝试用各种方法来忘记今天，忘记明天，忘记那些不愉快的事情。

你喜欢看喜剧，那些搞笑的镜头和雷人的话语总是充斥着你的大脑。你习惯性地笑着，其实你也不知道为什么会笑；你喜欢看娱乐八卦新闻，从那些和自己不相干人的身上寻找慰藉；你喜欢看书，试图用文字来填补内心缺失的东西。

然而，你发现一切都是徒劳的。恐慌并没有缓解，明天依旧会来。

日子重复着，烦恼叠加着，年岁增长着。你害怕的东西还在那里，讨厌的东西也依旧存在，一切都没有变化。

于是，你继续熬夜。因为只有在黑夜里你才是自己，不是房奴、不是卡奴、不是员工、不是社会人、不是女朋友，也不是被催婚的女儿。

秒针一下一下地走着，记录着属于你的每一刻。

那些浪费的时间，都是你逃避的代价。

03

熬的夜成了黑眼圈，成了第二天的萎靡，成了身体的负荷，成了精神的毒药。

其实，我们不是热爱黑夜，我们只是想寻求一个安静的空间，一个只有自己的地方，没有压力和责任，没有烦恼和忧愁的地方，去短暂地释放、解脱。

我们都知道，该来的还是会来，逃避不能拯救我们无处安放的灵魂，不过是一次次地自我催眠罢了。

出门在外，除了父母没有人会真正关心你过得好不好，你吃得饱不饱，开不开心，幸不幸福。领导看的永远都是结果，客户要的永远是成效，不会有人在乎你的一个方案改了多少遍，熬了多少夜，喝了多少咖啡，抽了多少支烟。

很多事情既然我们无法躲开，那就不如挥手迎接，或是再也不见。害怕因为存在，想念因为在乎，难受因为爱过。

那首《从夜晚到清晨》中，有这样一段歌词：

太阳落了明早又升起
谁知道，明天会怎样
冬天走了春天还不来
不经意，任四季无常

是啊，谁知道明天会怎样？很多事都是我们的内心早已做出了选择，给出了答案。但生活绝不是单选题，只是我们人为地让它成为了单项选择。

我们总以为熬过了那些夜，明天依旧是昨天，但我们不知道，明天其实是未来，是可以重新定义和选择的多选题。

不必害怕，因为很多东西可以改变，直到我们无能为力的那一刻。生活不就是一直向前，并和那些阻碍你前进的东西一直抗衡吗？你怕了，它会变本加厉地欺负你，你勇敢了，它也会害怕。谁知道明天会怎样，明天会不会是个大晴天。

一个人就好好生活，努力工作，好好与人相处。下雨了就自己设置一个提醒，带上伞出门。忘不掉的那个人就放在那儿，继续生活，继续向前走。

没有会塌下来的天，也没有走不出去的路，真到濒临绝境的时候再说。

少熬些夜吧，不为别的，就为了少些黑眼圈。

比孤独更可怕的，是内心的无力感

01

顾城说："我还要画下自己，画下一只孤独的树熊。他坐在维多利亚的丛林里，坐在高高的树枝上，发愣。他没有家，没有一颗留在远处的心，他只有，许许多多浆果一样的梦，和很大很大的眼睛。"

每逢读到这里，我都会产生一种孤独感。

曾在微博上看到过一则失恋男孩的自述长文。他在微博里写道：分手后最害怕的就是一个人睡觉，时常听见旁边有呼吸的声音，一觉醒来，身旁是冰冷的被子。

出差回家，打开房门，再也没人等他，那个进门像树袋熊一样缠在他脖子上的人不见了。放在门口的那双拖鞋落满了灰，牙缸里的牙刷也已经长毛。打开冰箱，还是出差前从超市买的挂面，也没有鸡蛋，只好剪开一根火腿肠下了碗面，边吃边哭。

空荡荡的屋子里，安静得只能听见自己的喘息声。

他的字里行间透着无尽的伤感，那一刻，男孩一定是无比孤独的。

02

晚上 10：00，隔壁邻居家会报时的老式钟清脆但并不响亮地敲了 10 下，嘀嗒，嘀嗒……

耳机里放着一首《放》，王二狗沙哑的声音在空旷的房间里听上去格外平静：

困住我的不只是阳台的猫
还有一缸快满的烟灰
困住它的不只是碗里的鱼
还有一双失明的眼睛

还记得去年 12 月，我一个人背着行囊出发，只为去南京听一场二狗和陈硕的巡演。我坐在台下，看不清他们的模样。

所有的灯光全部关闭，只能听见他们手指与吉他碰撞的声音，只能听见他们用歌声诉说内心的世界。

我听见了他们的孤独，也许是曾经的，也许是那时的。犹如此刻的自己，可以清楚地听见自己的心跳声和呼吸声。很长一段时间里，我都处于一个人的世界中。和同事一起聚餐时谈天说地，好像自己什么都聊过，却又记不清聊了什么话题。

不知从何时起，我习惯了一个人的生活。

突然想看电影了，就在猫眼上团一张票，坐着公交就去了；有时候吃完饭，我喜欢自己去小区附近的广场散步，就那么一个人走着，戴着耳机，看着来往的行人；有时候厌倦了生活，就请好假，买张车票，踏上旅途。

很多人说，我的生活丰富多彩。但其实只有我自己知道，只有忙碌时，我才会忘记孤独。夜深人静时的自己，时常躺在床上听着可有可无的音乐，心里空荡荡的。买回来很多想看的书，看不了几页就合上了，想要忘记的事情，却总是想起。

我们都害怕孤独，害怕第二杯半价。

我们都害怕没有人理解自己。我们更害怕，年纪越大，身边知心的人越来越少，再也没有喜欢的人，再也没有坚持的事，再也没有热血沸腾，翻滚着的心。

比孤独更可怕的是内心的无力感，是对现实的挣扎与妥协。

村上春树在《挪威的森林》中写道："没有人喜欢孤独，只是不愿失望。"比起孤独，我们更害怕面对生活的迷茫和触碰不到的未来。

03

三毛说："这世上哪个不是孤独的来？又孤独的死？想来，人来这一世，哪个不是孤独者？所以一路上交朋友、寻爱人，为的也许就是那份夕阳般的温暖，当然孤独的不只是形体，更是心灵，也许后者的孤独更为可怕。"

三毛在中年时遇见了荷西，这个在她生命中给她带来光明的男人。

他们一同生活、一起工作，像朋友、像知己。荷西在三毛去往撒哈拉之后，立刻也辞去了工作，在当地租好房子。婚后他们琴瑟和鸣，相濡以沫。

三毛在书中写到，荷西是个心思极其细腻的人，会为她制造各种惊喜和小浪漫。

荷西去世后的那些年，三毛很是想念他，常常在梦中遇见荷西。她一直思念着荷西，他们成为了彼此生命里最重要的那个人。在三毛的生命中，荷西只陪伴她走过了一小段人生旅程，但对于三毛来说，荷西的出现便是一生的荣幸。

在大冰的《我不》一书中，有一个名为小蓝的女孩患了白血病，在她生命中最无力最难熬的阶段，是蠢子给了她温暖。

故事的最后，小蓝依偎在蠢子的怀里，听蠢子唱歌，听着他的心跳声。

三毛爱着荷西，无论在哪儿，以何种方式，他们依然在一起。

而我此刻正喝着热牛奶，靠在枕边，听着钟声敲响了 11 下。关上灯，钻进被窝里，用力呼吸一口，闭上眼睛，准备迎接明早的太阳。

当你的内心有了支柱和力量时，你会发现，孤独其实没那么可怕。

那些一个人的日子里，你就是最酷的王者

01

这些天，我几乎手机不离手，因为一篇关于“专科生”的文章，我收到了很多评论和私信。

在众多向我询问的读者中，有一位让我记忆深刻。他的困惑是我们每个人都或多或少经历过，也为此烦恼过的。

有天晚上，他加了我的微信，我们聊了很多。小伙子是位大三的学生，正在准备专升本考试。他很有信心，也很有决心。但唯一的烦恼是：他没有志同道合的小伙伴。

男孩说，决定考专升本时，同班有三四个打算与他一起考学的同学，大家一起报了辅导班，每天一起上课下课。最初，大家和他一样，信心满满、斗志昂扬。彼此约定一定要考上心仪的学校，到时候一起庆功。

几个月过去了，几个小伙伴渐渐地不再认真学习，有一个甚至选择了放弃考试，直接参加工作，其余两个每天也不去复习。他成了单打独斗。他很苦恼，没有了志同道合的伙伴，自己还能坚持下去吗？每天一个人，有时觉得很孤单。

类似于这个男孩的遭遇，在读者的留言中很普遍。有的正在经历周围人的不理解，认为自己的行为很天真，也很幼稚。有些人害怕孤单，害怕落单，失去了伙伴，仿佛便没有了努力的动力。

我们害怕独自面临挑战，总希望有人能够陪伴，一起分担、一起成长。

但是，有些路必须我们自己走。

02

这些事情，在我那些年考学的日子里也曾经历过。

在我决定考学的时候，我身边的朋友几乎没有人支持我。在他们看来，考学浪费时间，也浪费青春。别人工作两三年，有家有娃了，你大学才毕业，甚至还要继续读书，何必呢？

在同班的同学中，有一位与我志同道合的姑娘。她学的是理科，而我学的是文科，我们搬到了一个寝室住，为了给彼此一些鼓励。最初的日子里，我们的确一同上课一同吃饭，晚上回到宿舍也一起看书、交流。

但在那年的冬天，姑娘回家了。学校的环境太差，她决定回家复习，于是，整个楼层就只剩下我一个人。那时候，我也很不安。习惯了两个人在一起的生活，突然间成了孤身一人，我很不适应。

我给同在外地上课的同学打了电话，向他诉说了自己的烦恼。同学这样和我说：“一个人就一个人，我从一开始就是一个人。租了间小房子，每天上课、吃饭，也没有人陪我，也挺好的，反而注意力更加集中。你要学会习惯一个人的生活，未来会有很多时候都是你一个人。”

和同学聊完后，我反思了自己。出现这种情况，可能由于我从小做什么事情都习惯了与一群人一起。小学时，一个班级一起学手风琴；中学时，一群人一起考大学；上了大学，仍然有室友、同学的陪伴。我好像从未独自面对过一些事情，突然一个人让我有些不知所措。

但成长就是这样，不是所有的事情都有人陪你，也不是所有的风景都有人与你一起欣赏。

我们总要在跌跌撞撞中学会与孤独相处，学会坚强。

03

几年前，我读过刘同的一本书《你的孤独，虽败犹荣》。其中他写过这样一段话："也许你现在仍是一个人吃饭，一个人看电影，一个人睡觉，一个人乘地铁。然而你却能一个人吃饭，一个人看电影，一个人睡觉，一个人乘地铁。很多人离开另外一个人，就没有自己。而你却一个人，度过了所有。你的孤独，虽败犹荣！"

前几天，大学同学来找我玩。晚上吃饭时，他问我有没有喜欢的男孩子，说可以考虑找一个了，不要再一个人。找一个懂你、能保护你的人照顾你。

我 26 岁了，在这样一个年纪仍是单身，势必会让很多人担忧。

从前，我会格外在意这个问题，因为我不喜欢一个人的生活，看到别人成双成对地在街上走着，我会羡慕，也会担忧自己。

但现在，随着年龄增长，我的心态比从前好了很多。

现在的我喜欢一个人做很多事情，一个人看电影，一个人逛街，一个人看书、思考。

长大后才发现，一个人的生活并没有多难熬。

我并不羡慕有了家庭的同学，也不羡慕情人节会收到礼物的女生。因为我知道，属于自己的一定会来，只是也许会晚一些。

既然这样，那就不如在一个人的日子里努力让自己变得更好些，多读一些书，多行一些路，多结识一些人。

有时我们并非害怕孤单，只是害怕长大，害怕独自承受风雨、遭遇挫折。

孟非在成为《非诚勿扰》主持人之前，从 1992 到 2001 年间，做过搬运工、保安、编导等大小 10 余种工作。有一次，他在节目中自我调侃自己这段经历，他说："在你成功之前，你总要有那么一段孤独的时光。"

当我们真正走过那段只有自己奋斗的日子后，回过头来看看，其实也没有那么糟糕。

我们不都是这样吗？在人生的路途上慢慢摸索，慢慢适应，慢慢成长。

04

如果真的寂寞难耐，你不妨做这样几件事。

拿出手机，给你最好的朋友打个电话，有时朋友的一些话语会让你感到温暖，也就没有那么孤单了。

找一些可以独立完成，但会让你感到快乐的事情做。比如玩游戏，比如画画、绣十字绣、追剧。有一个长久的爱好可以一直陪着你，也是不错的选择。

偶尔和朋友出去聚聚，女生可以逛街聊八卦，男生可以来一场篮球赛或是任何你们喜欢的活动。适当地参与群体活动，可以调整你的心情。

正如《千与千寻》中白龙对千寻说的那句话：“我只能送你到这里了，剩下的路，你要自己走，不要回头。”

你要知道，走在这条与自己为伍的路上，你并不孤独。你有梦想相伴，有未来等你相拥，即便没有伙伴，也要大踏步地前行。

因为，这样的你真的很酷。

那些一个人的日子里，你就是王者。

原来每一次的回头，都是渐行渐远的送别

01

9 月 15 日是父亲的生日，今年他 54 岁了。当天晚上，我下班后从楼下的蛋糕店给他买了一个小蛋糕，虽然我知道，他不喜欢吃这个。早上出门前，他千叮咛万嘱咐地说："什么都别买，什么都不要。"

我拎着一个水果慕斯的奶油蛋糕进了门，却不见父亲的身影。我换了鞋子，放下东西，走到厨房里一看，原来是家里的水管漏了，他正在俯着身子修理。我从后方拍了拍他，他身体一颤，回过头来，显然是被我吓着了，头还撞到了柜子上。

他笑嘻嘻地说："今天怎么回来的这么晚啊，饭都热好了，等我收拾一下就开饭。"

我把蛋糕拿到桌上，打开盖子，插上了蜡烛。父亲见到蛋糕，脸上有些笑意，但嘴上还是说："你这小丫头，让你不要买，不听话，你想让你老爸大晚上的增肥啊？我可是要保持身材的。"

我笑道："一年就这一次，矫情啥，快坐下，我要关灯了。"

父亲甩了甩手上的水渍，坐了下来。我插上蜡烛，把灯一关，屋

子暗下来后父亲双手合十，许了个愿。我拍着手给他唱了生日歌，他笑着吹灭了蜡烛。

我拍了张照片发到朋友圈，写下了这样一句话：老王同志，54啦，继续加油，稳冲100。

晚上睡前，父亲总喜欢在我身边待一会儿，有时候他什么也不说，有时候他会和我一起听听文学微课。昨天，他依旧安静地待在我身边，我回过头来看着他。

那一刻，我才发现，父亲的头发又长长了，白头发盖住了一个月前我给他染过的黑发。

我说："明天周末去理个发吧，回来我给你染。不然，人家又要叫你爷爷了。"

父亲摸了摸头发说："嗯，是该剪了，明天就去。"说罢，父亲继续躺着。我忽然察觉到，他的呼吸声没有从前那般干脆而有力了，呼出的气息似乎也有了衰老的味道。

手机里的音乐循环到了 Bodhi Jones 的那首 *Oh Father*：

> 哦，父亲
> 我多希望时光驻留在您身上
> 是否这一切已太迟
> 只因你我相距万里

我静静地听着，泪水渐渐地模糊了我的双眼……

02

上大学时我有一个习惯，就是帮刚入学的学妹整理宿舍。

一次，我陪一位学妹办理完所有的入学手续后，拖着重重的箱子，和她一同来到了寝室。还没进门，就听到屋子里有争吵的声音，我小心翼翼地走了进去，看到靠窗的地方站着一个中年妇女，床上还坐着一个女孩。

“你别管了，回去吧，我自己收拾。”只听见床上的那个女孩嗓门很大地说。

说话的是学妹的老乡，一身的打扮有些“非主流”，她斜坐在床上，表情很不耐烦。

“你从来没出过远门，我帮你收拾收拾，晚上在这儿待一晚上，明天没啥事了，我就回去了。”

站在床边的中年妇女声音很小，头都没抬起来。她应该是女孩的妈妈。

“你真烦，我自己会，你赶紧走吧！”

“嗯。”一个简单的回答后，母亲再也没吱过一声。

可她却仍旧忙活着。她从包里掏出了一些吃食，看上去像是自家做的，有小咸菜和小饼干……接着，她又掏出了一包衣服，整整齐齐地摆到柜子里。

女孩的妈妈一边整理东西，一边擦着汗。寝室没有空调，小小的吊扇在初秋一点也不起作用，不一会儿，女孩妈妈的衣服便全湿了。

下午 5：00 多，收拾完毕，女孩的妈妈拿着包走了。她的背影有些落寞，临走时，还特意和学妹道了别：“丫头，咱都是老乡，以后你们互相照顾。她比你大一岁，但骨子里还是个孩子，有啥不对的地方，你多担待啊。”

我们看着她的背影渐渐地消失在长长的走廊尽头，学妹嘴里嘀咕着：“真是不懂事，也不知道和妈妈道个别，还赶她走。”

可当我们回过身来时却被吓了一跳，女孩正坐在床上痛哭。

我们连忙上去问她怎么了，她摇摇头说：“我是故意这样的，我不想让她走，可是我又不敢看到她离开的样子，我怕我会在她面前哭出来。”

看着阿姨离开的背影，看着床上哭得伤心的女孩，我们都陷入了沉默，心中五味杂陈。

原来，所有的强硬只因不想让你为我操劳；所有的不懂事只因不想让你看到我的脆弱，而为我担心。

我想起了龙应台在《目送》中写的那段话：我慢慢地、慢慢地了解到，所谓父女母子一场，只不过意味着，你和他的缘分就是今生今世不断地在目送他的背影渐行渐远。

03

在是枝裕和的电影《步履不停》中，片尾处有这样一幕镜头：年迈的父母送走了回家探亲的儿子一家三口，老两口拉着手，往家走。

在通过回家前的那段长长的楼梯时，他们彼此搀扶、踉踉跄跄地走着，却还是不舍地回过头来，看着儿子乘坐的公车，直到公车消失在视线中。

电影中，有这么一段旁白，是儿子说的：“我当然知道，他们迟早有一天会走，但即便如此，我却故意装作什么都不知道。直到我真的搞清楚的时候，我的人生已经往后翻了好几页，再也无法回头挽救什么。因为，那时，我已经失去了我的父母。”

小时候，我回过头，他们在身后向我张开双臂，做着迎接我的姿势。我一步一步地蹒跚着过去，扑向他们的怀里，撒娇地要抱久一些，嘴巴里喊着：“爸爸、妈妈。”

长大一些，我回过头，他们牵着我的手，带着我走在去往学校的路上。树影遮住他们的身体，我蹦蹦跳跳地踩着他们的影子，像个小跟班，希望可以一直跟在他们的影子里。

上大学时，我回过头，他们正拉着行李箱，满头大汗地为我办理入学手续。我们没有太多的交流，他们嘱咐我：“一个人在外面要学会保护自己，别不舍得花钱，好好照顾自己。”

毕业时，我回过头，他们站在站台上，向我招着手。我的手里握着去往另一座城市的车票，站台的广播里播放着列车即将检票的声音。每说一次，我就向后退一步，他们便向前进一步。

结婚时，我回过头，我向着我的幸福走去，尽头是未来将陪伴我一生的男人，而背后，是这一生中最爱我的那两个人。

为人父母时，我回过头，那年张开双手拥抱我的他们，依然伸出双臂，拥抱着正在蹒跚学步的孙子。那一刻，匆匆的时光仿佛回转，相同的场景，相同的姿势，但不同的是，他们早已驼下了背，弯下了腰，花白了头。

曾经，他们在学校的路口，在车站的站台，在婚礼的红毯，为我们送别；现在，我们站在这里，为他们送别。

直到此时，我才真正懂得，原来，每一次的回头都是一场渐行渐远的送别。

04

我们就像是风筝，而父母就是放风筝的人。我们越飞越高，他们牵着那根线一直跟在我们的身后，追着我们跑。但终有一天线会断，他们再也追不上我们的脚步。

朱自清先生在《背影》中这样描写他读父亲的信时的感受：

我北来后，他写了一信给我，信中说道："我身体平安，惟膀子疼痛厉害，举箸提笔，诸多不便，大约大去之期不远矣。"我读到此处，在晶莹的泪光中，又看见那肥胖的、青布棉袍黑布马褂的背影。唉！我不知何时再能与他相见！

此时已是凌晨两点，我写到这儿，忍不住播放了一首李健的《父亲写的散文诗》。我戴上耳机，躺了下来，闭上眼睛，泪水逐渐将枕头浸湿……

这是我父亲日记里的文字
这是他的生命留下
留下来的散文诗
多年以后我看着泪流不止
可我的父亲在风中像一张旧报纸

Part 5
有多少人的大学，过着颓废的日子

原来，所有的成功都不是看上去那么轻松，你只有非常努力，才能看起来毫不费力。我们在羡慕别人的大学如同开了挂的时候，我们又何曾知道，这些光彩成绩的背后，是别人多少个日夜的付出。我们总是懂得太多，做得太少，自然依旧过不好这一生。

毕业两年，仍保持联系的同学竟不超过10个

01

这几天，各大高校陆续开学了。火车站、机场、汽车站，人满为患。拖着行李箱、蛇皮袋的人们，背负着12年的寒窗苦读，背负着一家人的殷切盼望，奔赴各自的大好前程。

等待他们的是4年的大学生活，是上下铺的室友之情。

我刚上大学的时候，最大的愿望就是搞好人际关系，希望所有的同学都愿意和我交朋友。

我上大学的时候，电子产品的发展还处于比较落后的时期，大多数的同学只有一个QQ号，每天刷刷空间，分享一下各种鸡汤语录。同学之间的交往是单纯的，没啥大纠葛，也没啥利益往来。

那时，班上喜欢组织一些集体活动，比如“吃西瓜大赛”，集体旅游。说真的，现在想想真的很怀念。

昨晚，敲下这个标题的时候，我自己都是一愣。一是因为猛然发现自己已经毕业两年了，时光如梭；二是发现，毕业两年，我仍然保持联系的同学居然不超过10个，真是令人唏嘘。

这个数据是我在昨日整理微信好友时，在大学同学那一栏，认真

数出来的，老实说，我也不知道为什么要去数，可能是出于好奇，可能是出于无聊，但我怎么都没想到结果会如此“惨烈”。

想想两年前毕业时的场景，男男女女抱在一起，痛哭流涕。

这样的场景在成年人的世界里极为少见，理性点的人，自己喝着酒，面色凝重；豪放的人则端起酒杯，见人就抱，包括我们的辅导员。

记得一男同学当时不知喝了多少酒，我坐在沙发上，看着眼前这一幕幕场景，正当我感慨之时，他突然坐到我身边，抱住了我。

说实话，当时把我吓着了。我的这位男同学靠在我的肩上，边哭边说：“毕业了……这就毕业了……以后别忘了我啊，我也会记着你的。”说完，他向后一仰，不省人事。

说这话的男同学，我们至今还保持着联络，偶尔聊聊近况，说说家常。

02

上个星期的一个晚上，我的微信响起，本以为是某个微信群的消息，我拿起手机一看，原来是我的一个大学同学。

我们聊着聊着，同学感慨起来：“咱毕业两年了，真快。有时是真想你们，不过说来也奇怪，虽然我与一些同学在同一座城市工作，但几乎没有联络，仔细想想，可能真的是毕业了，感情也淡了，想联系也懒得联系了。”

究竟是想联系却懒得联系，还是已经忘记了还有这样一群人的存在？

我想二者都有。

以前常听人说，世上最纯洁、最可靠的三种关系是：一起扛过枪，一起下过乡，一起同过窗。

战友大多是生死相交，虽未在战争年代的炮火中历经磨难，但关系也足够铁了。一起下过乡的人，在那个年月里，眼里只有劳动，为了祖国的繁荣富强，奉献着自己的热血。

至于一起同过窗的人……这个我有些不敢苟同。

不过，看问题还是要具有两面性。毕业时，我们都会留着同学的联系方式，那时还发过誓：两年后、五年后、十年后，我们的感情要一直这么好。每隔两年要聚聚会，平时要经常联络。

事情的另一面是，我们的确保持着联络，也没有忘记那些年的“山盟海誓”。

只不过，他们仅仅出现在我们的朋友圈里：给我点个赞吧，给我投个票吧，给我家孩子助个力吧。

我们的友谊变得越来越淡，谈及的话题再也不轻松，不知从何时起，“同学”的定义变了，变得有些模糊。

03

之前和一个朋友吃饭，她和我分享了她大学毕业 5 年后的第一次同学聚会。

那次同学聚会她可谓是煞费苦心，专门上街买了套新衣服，烫了个头发，兴致勃勃地去了。

推开门，几个有些眼生的人拉着她坐下，手里拿着最新款的苹果手机，忙着加她的微信。朋友刚缓过神来，又被另外几位同学拉到另一桌，问她现在的工作好不好，男朋友有没有买房，存了多少钱。

“我最近在做期货，你有没有靠谱的朋友给我介绍介绍啊。老同学了，这点忙还是要帮的，对吧？”

“哎哟，小琪啊，几年不见了，你皮肤越来越好了，用的什么牌子的护肤品啊？”

“我混得不行，工作5年，刚刚买了套房子，就在市中心的那个小区。大家有空去给我暖暖房啊。”

小琪说，她感觉自己好像走错了房间。这群人真的是她的大学同学吗？

这不应该是大学聚会的正确打开方式啊。

她脑海中的情景本是这样的：5年没见的同学们，进门后先是一个热情的拥抱，女生拉着手坐在一起，像是从前上学一样，聊着天。

席间，大家共同回忆那些年的时光，有人感慨流泪，有人默默倾听。临别时，大家约定下一次聚会的时间，一定要不见不散。

哇哦，真是一场令人难忘的“同学聚会”！

04

真是不敢想象，毕业两年，常联系的大学同学已不超过10个，如果5年后、10后、20年后呢？

或许是时间改变了我们，或许是环境影响了我们。我们不再简单和纯粹，即便是面对曾经的友谊。或许，我们可以做出改变，让友谊之间少一些利用，多一些真诚。

生命的旅途中，我们都不能保证谁会陪自己走到最后，但我们应当尽最大的努力，尽量守护每一份值得去守护的感情。

因为，那是在我们人生中很有分量的东西，是无法割舍的一部分。

成长是一种水到渠成

01

小时候学习手风琴，最先开始学习的是如何正确地背琴。

琴位于身体的正前方，然后背起两条肩带。

6 岁的我，学会背琴就花去了几天的时间。琴身很重，我的身体又很单薄，重心的不平衡时常让我坐不稳。一坐定，琴便歪。与背琴这个动作抗衡了很久，我终于找到了它与身体的平衡点。

接下来便开始学习琴的构造，再后来，开始学习如何弹奏、识谱这一系列的复杂步骤。

在这期间，我时常能感受到背部和手指的酸痛，最终当我们能完整弹出一首曲子时，已经过去了两三个月，并且这仅仅是简单的曲目。

我很多次地抱怨过，我不想学习手风琴，又累又苦，别的小朋友放了学都在玩耍，而我们却要背着重重的琴练习一个小时。

但那时候，老爸告诉我："当你会弹第一首曲子时，你再决定要不要放弃。"

几岁的我哪里懂得"放弃"这个词的含义，我只知道，我一旦不再喜欢，就可以不再弹了。对那时的我来说，这绝对是个好消息。

抱着这样的心态，我有了目标，只要弹会一首曲子，我就有了放弃的理由。于是，我每天不再抱怨，乖乖地练琴，再累也不觉得烦躁。很快，一首曲子弹会了，老爸说："不想弹了，咱们就换班。"

很奇怪的是，放弃的念头却自己消失了。我抱着琴不愿松手，告诉父亲我想继续弹。

那时候，我不明白是什么原因让我有了继续的动力，但如今想来，原因很简单，是因为我有了成就感，以及享受到了这个过程带给我的快乐。

我们眼中充满荆棘的成长之路，其实不过也是这样的过程，漫长而艰辛。但我们之所以需要成长，是因为我们要不断地与自己发生冲突，再同自己和解。

这个过程便包含了这些痛苦、磨难和快乐。

02

写作久了，会经常收到来自各方文友的问候。其中，有一些朋友总会问我一个类似的问题：如何写好文章？

听到这样的问题，我都不爱回答，因为我本不是什么大家，也不是畅销书作者，我自认为没有水平去指导别人如何写作。

但从自身出发，回头看看自己走过的这段不算很长的写作之路，着实有些感慨。说起写作这件事，最早可以从我的高中算起，那时候写的都是随笔，想起来时便写上几段。

我没有很多作者拥有的深厚的功底，没有读过万卷书、行过万里路，但我有个保持多年的小习惯，那就是看杂志和做手抄摘录。

这个习惯从小学一直坚持到了高中。上了高中后 QQ 出现了，于是，QQ 成了我最喜欢的输出平台。这一写就是很多年，直到近两年有了各种新媒体平台。

回想起来，我好像一直都在坚持写东西，就算风格不断变化，措辞不断纠正，但唯有一点不变：我从没有放弃过写作这件事情。

所以当很多人向我讨教“写作秘籍”时，我或许可以告诉他们一个方法：坚持写，慢一点写。

成长本就是件水到渠成的事情，每一个脚步都是通往终点的必经过程，慢一些，反而会看到不一样的沿途风景。

但问题来了，很多时候我们会急功近利，很多时候我们会中途放弃，有时候，也许不是我们的信念不强，而是我们用错了方法。

03

我的一位朋友，在年初给自己制订了一张“待完成事项清单”，清单上写满了各种目标和计划，看着让人很有动力。

这其中包含了具体每天会做什么，比如每天坚持背 20 个单词、锻炼 30 分钟、看书一小时，等等，总共列出了十几项的任务。

在刚刚实行的时候，他可以每天保持高效精准的水平完成各类任务，并且在制订的时间表格中打上对钩。可好景不长，这样的坚持没有超过一周，朋友就放弃了。

因为他发现，每天完成这些计划后，常常感到心力交瘁，不仅没有掌握到学习的知识，而且很疲倦。最终卡也不打了，任务也搁置了。

从这样一个小例子中可以看出，在我们成长的过程中，很多事情的原理都是相似的。我们需要为某项目标制定具体的步骤，细化到每天具体要做什么的程度。

但我们总是坚持不下去。

的确，没有好的方式方法，仅仅靠信念和坚持，我们很难说服自己去达到目标。

希望下面的几点建议，能够帮助正走在不同成长之路上的你：

一、不要轻易说不。

如果你认为这件事是必须完成的人生挑战，那就告诉自己，不到万不得已，不要轻言放弃。一旦我们选择放弃，再多的方法也没有意义，好比一艘船关掉了引擎，那必定到达不了目的地。

二、给自己的目标放长线。

不要企图一口气吃成一个胖子，所有的事情都不会一蹴而就。我们需要做好打持久战的准备，在这条长线中，分阶段地制定小目标，可以以季度、月度、周为周期，一点一点地完成。

三、最初的目标不宜过高。

我们时常会放弃，是因为我们无法达到预期的效果，可这个预期很有可能超出了我们当下的能力。所以，在设立目标时不要太高估自己，设置较为容易的小目标就好。当我们实现了一个小目标后，能力也在提升，接下来的任务会更加得心应手。

四、设定最低标准。

在最初的时候，除了将目标简单化之外，也要设定一个最低标准。比如每天的跑步，可以逐步增加距离，每天必须完成相应的距离。最低标准的完成，会让我们更有动力去完成第二天的事项，不会一想到明天的事就两腿发软。

方法与信念相结合，或许才能更好地成长。

在成长这条水到渠成的路上，我们都不要太着急，走得慢一些又怎样，至少我们一直在前行。

最怕的不是我们走得慢，而是还未开始上路，我们就后退了脚步。不去试一试，我们永远也不知道到底能抵达怎样的彼岸。

总有一些人，正在慢慢过上自己喜欢的生活

曾在微博上看到一段街头采访，采访内容是：你对你目前的生活满意吗？

接受采访的对象有大学生、上班族、宝妈、老人。采访的结果是，有超过一半的人表示对自己目前的生活不满意。

令我记忆深刻的是一位大学应届毕业生的回答。他刚踏入社会一年的时间，在面对镜头时，显得有些羞涩。他说了许多这一年当中的体会，总结起来一句话：理想与现实总是差距过大。

他是一位农村的小伙，来到上海追求理想。他做好了吃苦的准备，但没想到现实竟比想象中还要困难，每个月的各种开销让他喘不过气。

别说梦想了，连温饱都快成了问题。

说着说着，男孩陷入了沉默……

我们很多人都像是这个被采访的男孩，有着或大或小的愿望，但却总感觉自己在背道而驰。有些人是因为行动力差，而有些人是被现实原因所困。

01

我曾经写过一些关于写作的文章，我喜欢写作这件事，确切来说是从上高中时开始的，但从小接受的那些“填鸭式”的教育，让我不愿意动笔。

总觉得写出来也是应付考试，没什么意义。久而久之，早已忘记了自己最初的想法。

上大学那会儿，我学的是市场营销，那时候，我非常迷茫。整个大学期间，我和很多人一样，梦想着大学是个美好的象牙塔，有绿树成荫的羊肠小道，有睡不完的觉，轻松自在。

我把高中落下的觉全都在大学补上了，图书馆离我也很遥远，唯有考试前才偶尔光顾一下。

上课玩手机，下课追韩剧，周末睡大觉，晚上看小说。这，就是我的大学生活，也是很多人的大学生活。

毕业后应该做什么，想要做什么，喜欢做什么，我一无所知，也从未想过。

知道该考英语四、六级了，就临时背一背单词；知道要期末考试了，就翻翻崭新的书；知道要毕业了，就开始写论文，找实习。

直到大四那年，许多同学开始为自己的未来做打算了，我仍旧浑浑噩噩，不知去向。

最终，我随便找了一个实习的岗位。岗位算是专业对口，但每日工作累到爆表，充实吗？挺充实的。做不完的工作，写不完的方案，在历经快一年的挣扎后我选择了辞职。

直到那时，我才开始认真地思考，自己究竟要过什么样的生活？

显然并非是现在这样。

那时，我遇见了写作。那是在 2016 年的 10 月份，我重新拾起了少年时代的理想，我拿起了笔，开始写下第一篇短篇连载小说《站在幸福塔尖上的我们》。

现在的我，已经写下了几十万字，有了自己的公众号，选择了一份编辑的工作。业余的时间写歌、画画，每天坚持读书、更文。

直到现在，我仍是一个小小的写作者，默默地走着自己的路。我自知自己是个不算聪明的人，没有智慧的头脑和过人的天赋。

小时候，学什么都要比别人慢很多，别人花一节课可以领悟的东西，我却要花上一整天。

但我知道，小小的蜗牛即使行动迟缓，也终有抵达终点的那一天。我就是那只小小的蜗牛，在一步一步地向着自己的未来爬去。

在历经了大学的荒废期、毕业后的迷茫期，兜兜转转 7 年的时间，我终于有了一些小小的方向，并向着我喜欢的生活不停地奔跑着。

02

在演员中，我很喜欢江一燕。并非因为她的演技如何精湛，长相如何美丽，喜欢她，是因为她身上的一些品质总是潜移默化地影响着我。

她是一个演员，出演过许多经典角色；她是一个摄影师，喜欢用镜头记录着自己的生活与这个世界。

她是一个志愿者，是孩子们口中的“小江老师”，她的身影，总是出现在最贫困的地方，为那里的孩子们带去生活的曙光。

她是一个作家，我喜欢她笔下的文字，喜欢听她娓娓道来关于自己的故事。

她与许多圈内的女演员不同，她不喜欢参加各种娱乐盛宴，不喜欢穿着时髦靓丽的服饰出现在聚光灯下。

一部相机、一本书和一群孩子，便是她最喜欢的生活。

她没有停下脚步，仍在继续前行。

记得在她的那本《我是爬行者小江》中，她写过这样一句话：“我的富有是因为我一直只走自己想走的路，做自己喜欢做的事。”

这句话看似简单：走自己的路，做自己喜欢的事。但不知有多少人，仍旧困在原地，梦想就在彼岸，却只能隔海相望。

江一燕做到了，在这样一个浮躁的娱乐圈中，竟还有这样一位江南女子默默地爬行着，回过头来，她的爬行痕迹已越渐深厚，每一步都是那么的扎实，每一步都在为自己想要过上的生活努力着。

坚毅，而深刻。

03

在写作期间，我结交了一些朋友，其中有这样一位姑娘，她喜欢旅行，喜欢冒险，但父母希望她毕业后有一份稳定的工作，女孩子不要太折腾。

在体制内工作了快 3 年的时间，姑娘却选择了辞职，用 3 年攒下的积蓄前往了云南丽江，她开了一间小小的茶铺，与一群喜爱文字的朋友为伴。

我问过她：“你后悔吗？放弃了铁饭碗，过着漂流者的生活。”

姑娘说：“我不知道会不会因为离开大城市的工作而后悔，但我知道，如果没有选择现在的生活，我一定会后悔，而且是百分之百的后悔。”

我不喜欢写鸡汤，也不觉得鸡汤真的会有什么用。我更相信，说得好听，想得很美，不如做得漂亮。

我用了 6 个月的时间坚持了写作这件事，用了 7 年的时间寻到了自己的方向，用了 20 年的时间坚持着自己钟爱的音乐。我想用一辈子的时间，过自己喜欢的生活，哪怕步履维艰，也要继续爬行。

要相信，总有那么一些人正在慢慢地过上自己喜欢的生活，你也会是其中之一的。

读大学的你，每月的生活费够花吗？

伴随着各种“网购节”的来袭，对于“剁手党”而言，在网上购物已成为习惯。

大学生的日常开销除了生活费，更多地用于网购和学习。

曾经在大学，偶然听到隔壁寝室一位女生打电话向父母索要生活费，哭着说自己的生活费太低，每个月才 1200 元，刚刚够吃饭。

对于大学生而言，每月 1200 元的生活费真的不够吗？

01

大学的生活费无疑是同学们每个月的生活保障，大多数来源于父母的供给，首先满足温饱，其次再考虑消费。

当今社会，有两种消费观是普遍存在的。

第一种，月光人群。这些同学的花费不仅仅用于日常开销，他们更多的是为自己的物欲买单。

以每年的“双十一”和“双十二”这种“网购节”为例，有多少同学坚守在电脑前，等待着敲下键盘的那一刻。心仪已久的一件大衣终于到手了，看看支付宝和花呗，心里想着：没关系，只买这一次，下个月省点就回来了。

我将这种消费模式称为“信用卡消费”。

花着明天的钱，做今天的事。

这种模式究竟如何，因人而异，如果家境优越，每月花费5000元也不足为奇。但如果来自工薪阶层的普通家庭，拿着父母的钱去满足自己攀比的欲望，并不是一件值得炫耀的事。

在我读书的时候，还没有支付宝和花呗，我每个月的生活费在600元左右，买衣服和购物基本上在换季时一次性解决。

我们最常光顾的就是学校外面的小店，衣服很便宜。每个月寝室的6个姑娘能去步行街聚一次餐都很开心。

记得上大学时，我和室友一起做了一个学期的兼职——卖泡面。周末两天可以赚到140元，一个月下来有好几百，这对于当时的我们来说是一个月的生活费。

我靠着兼职和奖学金解决了大学的生活开支，报名了专升本辅导班，并且为自己攒下了几万元的存款。

我们不知道何为网购，也不知道何为消费。但有一点，无论生活费是多少，我们都坚持着一个原则：不浪费，不攀比。

02

第二种，攒钱消费人群。

上大学时，总有一些同学每次聚会都不愿意参加。不是不合群，而是在乎那一顿饭钱，因为如果换作在食堂吃，可以吃三天；有一些同学，从来都不舍得买好衣服，十几块钱的地摊货一直都是首选。

不排除有些同学是因为家境的确困难，但有一部分同学并不缺钱，他们只是习惯于攒钱，在他们眼中，花钱是一种“犯罪”。

他们喜欢看着银行卡和支付宝中的数字一点点地堆积，钱对于他们而言，与其说是货币，不如说是用来获取满足感的纸张。

我们最常说的一句话便是：会花钱才会挣钱。

如果将钱聚拢在一张卡上，那它只是一串数字而已，如果你每个月有 1000 元的生活费，你可以将之转换为价值，这样那串数字才具有意义。

身边有一位女性朋友，她在大学期间保证学业的同时，尝试了很多兼职。

她做过销售，也发过传单，还和朋友一起开过小吃店，每一份兼职的时间都不久。

姑娘有一个消费观：三分存，七分花。

姑娘平时有点小爱好，喜欢摄影，她赚的钱几乎全都花费在了这里，买镜头、去旅行。

姑娘说过这样一句话：“年轻，需要体验，也需要积累，要为自己留下一些物质余地，但也要好好享受生活。”

会攒钱也会花钱是一种本事，也是一门学问。

03

良性的消费观会影响我们的生活，不仅在大学如此，更体现在未来的生活中。

我很庆幸自己从小养成的消费习惯。小时候，我爸就给我办了一张银行卡，每年的压岁钱都留出一部分买自己喜欢的东西，其余的全部存起来。

那时候没有理财的观念，但却知晓一点：钱需要省，也需要花。

无论你的经济来源是什么，每个月需要多少支出，先保证温饱，不要本末倒置，将吃饭的钱省出来进行消费。

将现有的资源进行合理分配，尽可能地做到物尽其用。比如，很多同学热衷于线上付费课程，学习一种技能、一项爱好。

20 多岁的我们要努力赚钱，但也要懂得如何投资自己。

我们要明白一个道理，免费的，往往都是最贵的。你贪图一时的便宜，到最后却收获很少。因为便宜的你会不在乎，也会不珍惜。

这个社会需要的不仅仅是有能力的人才，还需要不断为自己充电的复合型人才。

小刘是一名新媒体编辑，在一家地方平台工作。为了提升自己的能力，她报名了很多线上课程，学习新媒体知识，学习新闻学、传播学、广告学。这些看似和工作没有关系的事情，都是小刘超越别人的筹码。

小刘工资不高，每个月 3000 元左右，除去基本开销，每月会花 500 元为自己投资，买书、上课、社交。

工作中重要的不是你有多高的学历，而是你有多少潜能和主动性。

这些来源于我们为自己的投资。结合自己的能力，选择适合自己的方式，不要只将钱存放于银行卡中，也不要过度奢侈，只为光鲜亮丽的外表。

毕竟，好看的皮囊千篇一律，有趣的灵魂才万里挑一。

一个良性循环的消费观念，会让你形成正确的金钱观。不物质、不攀比，选择适合的，便是最好的。

年轻时，总要有些小梦想、小追求，只要在自己的能力范围之内，都可以尽情地释放，努力地追逐。

有一天，你会骄傲地说：“我年轻时，靠自己的本事实现了梦想，我做了自己想做的事。”

无论你的生活费从何而来，数量多少，把钱用在刀刃上，量力而行，便是最好的消费模式。

专科生依然可以活得漂亮，过得精彩

01

不熟悉我的人都说，你 26 岁了，怎么大学才毕业两年？你上学真晚啊。

我总是笑笑不说话，其实我并非上学晚，而是比别人多上了一年学。

2010 年 6 月，我参加了高考。按照模拟考的成绩，我可以考上一所二本学校，但天公不作美，我失利了。

那个暑假，我把自己关在房间里，脾气变得极其暴躁，我不能听到任何关于高考的新闻，或是某某同学考上了重点大学的消息。

我像是浑身长了刺，充满了攻击性。那段时间，我像变了一个人，不愿意说话，不愿意出门。我害怕遇见熟人会问我考得怎么样；我害怕被同学叫出去，说着一堆在我看来无关痛痒的安慰之言；我害怕遇见老师，害怕他言语中充斥着的惋惜与同情。

那时，我极度地怀疑自己、否定自己。我从信心满满地迎战高考到名落孙山，如同从山顶坠入悬崖。我惶恐、害怕，我讨厌那时的自己。

周围的同学和老师都劝我再复读一年，说我一定可以考上的。但我怎么都不愿意再重回高三那噩梦般的生活中，于是，我选择了一所大专院校，开始了我的大学生涯。

我的大专是在芜湖的一所学校就读的，位于安徽师范大学旁边。

每天下了课，都可以看见师大的学生放学，他们穿梭于美丽的校园里，羡慕吗？说实话，很羡慕。

我曾经无数次地在梦中幻想过自己的大学生活，应该有目标，有方向。

大一的寒假，我在街上遇见了初中的班主任，她很高兴地和我聊起来。她说："现在在哪里读书呢？"

我支支吾吾地说："在芜湖某某学校。"

老师有些迟疑地说："哦，你和咱们班以前的那个王倩还真是有缘，名字就差一个偏旁，现在学习的专业也相近，只不过人家在中央财经大学读国际金融专业。"

这句话如同一根利刺一般，深深地扎进了我的心里，极度的自卑感瞬间涌上心头。

从那时起，我给自己树立了目标，我一定要努力考上本科再读研究生，不为别人看得起，只为我自己。

02

大一的下学期，同学都说我变了，我每天在图书馆里看书，晚上不到 12：00 我决不睡觉。

室友都说我疯了，大专生何必这么辛苦？

他们每天追剧打牌，我就拿着自己的专业书捧着看。他们周末出去逛街唱歌，我却在寝室背单词。在他们眼中，我是个另类。但那又有何妨，只有我自己知道我要的是什么。

大二下学期，我报名了专升本考试，那是在所有专升本的考试中，含金量最高的一种。

辅导班报名费3600元，对于一个学生来说，简直是天文数字。我和父亲说了我要考专升本的想法，父亲极力支持，决定资助我报最好的辅导班。

但我谢绝了，我记得，我和父亲说了这样一句话："这件事是我自己的决定，我已经20岁了，要为自己的梦想去买单。"

大二那年，我拿到了国家励志奖学金，总共5000元，我用这笔钱交了报名费，剩下的1000多元作为我暑假的生活费。

那年夏天，所有的同学都拖着行李箱坐上了回家的列车。只有我选择留在了学校，辅导班在师大校内，上课的人数超乎了我的想象，一间大教室里坐满了听课的学生。

每天3节课，一节3小时。从早上8：00到晚上9：00，中午休息3个小时。

暑假时，我住在师大的四人寝室里。没有空调，没有电扇，每晚被热醒，起床洗把脸，接着睡。为了能坐到前排利于听课，每天我5：30起床，打水，买饭，走到教室开始排队。

排队期间，拿出英语书开始背单词。

中午为了能多复习一会儿，我便留在教室，趴在桌子上眯一会儿当作午休，嘴巴里还在念着计算机课的题目。

一个暑假2个月的课程结束，我回到了家，姑姑看到我后，抱着我就哭。

因为，一个暑假没回家的我瘦了整整10斤。整整9个月的课程，从夏天到秋天，又过了漫长的冬日。终于，在 2013 年的 4 月，我收获了喜悦。

大专的同学在事后都说我厉害，全班只有我一个人考上了，但只有我知道，为了这一天，我足足等待了 3 年。

其中的辛酸与喜悦可能只有经历过的人才能体会。

专升本时，我遇见了一位给我们讲课的学姐，当时的她就读于浙江师范大学的文学专业。她告诉我们，她也是从专科生一步一步地走到现在的，她在求学中遇见了爱情，找到了自我。

她临走前，对我们说了一句话：“放下包袱，勇敢上路，为自己去拼一次。”

大专毕业时，我拿到了本科录取通知书，同时，我收获了大大小小的证书和奖状。

我的身边，有很多和我一样的大专生，现在他们已经考上了研究生。有些人成为了大学老师，有些人自主创业，有些人考上了公务员。

如今，我本科毕业两年，目前正在准备新闻专业的在职研究生考试。

现在的我，每天工作、看书、写文。我喜欢写歌、弹吉他、画插画。相比过去，我更加理智、更有目标，养成了爱学习的习惯。

专升本从前对我而言是一种自我的证明，现在它成了一种持续激励我的动力，每每回想起考学的日子，我便不再畏惧未来的荆棘。

我曾是一名大专生，但我知道，我依然要活得漂亮。

03

在一个演讲节目中，有一位选手让我记忆犹新。

她从小因为一场火灾失去了双臂，并且母亲患有精神病，在她幼年时便去世了。

她很喜欢读书，每天趴在教室外的窗边旁听课程，她学会了用脚写字，用脚翻书。这一举动被老师看在了眼里，破格录取了她。

初中毕业后，她因身体原因被很多学校拒之门外。但那颗渴望读书的心从未泯灭过。在好心人的帮助下，她获得了继续读书的机会。虽然是中专，但她格外珍惜。后来，她考上了大学，学校的大屏幕上放着她身着学士服的照片，笑得格外灿烂。大学毕业后，她考上了中科院心理学专业的硕士。

毕业演讲时，她的眼中绽放光芒，眼神是那样的笃定与自信。

梦想从来不只是说说而已，想做和去做，在于你是否愿意坚持下去。不要畏惧，也不要迷茫，你走出的每一步，都会是未来成功的基础。

你是大专生，但你不能自暴自弃，放弃理想。

你是大专生，但你不要否定自己，怀疑自己。

你是大专生，但你的未来没有被限定，你可以改变，你依然可以活得漂亮。

我做到了，你也可以。

不要着急，我在前方的路上等你。

二本毕业两年后，我才开始真正地学习

昨天晚上，大学时和几个好友建的微信群突然亮了起来，距它上次亮起已整整两年，我甚至忘记了这个群的存在。

7 个小伙伴在群里畅聊起来，久违的熟悉感涌上心头。

大家在群里说着自己的近况，班长奋斗了一年，终于考上家乡的公务员，我们开玩笑地说："顾书记，以后抱大腿啊。"

同学小 X 在合肥结了婚，在一家公司做起了会计，准备考注册会计师。同学小 H 从大学时的小胖妞，经过两年的"魔鬼训练"有了马甲线和小蛮腰，准备明年走进婚姻的殿堂。

……

我们聊着聊着才意识到，大学毕业已经两年了，我们都在各自的生活里拼命打拼着，褪去了一身青涩，磨去了棱角和稚气。

有同学对我说，你现在每天写文、读书，日子过得比大学还充实。

我知道，我确实是在大学毕业两年后，才开始真正学习的。

01

我写过不少关于专科生的文章，很多读者因此熟知了我，也知道了我的一些求学经历。

有不少正在读大学的朋友加了我的微信，大多数同学面临着同一个问题：现在的我好迷茫。专科生在犹豫是否要升本，普通本科生在犹豫是考研还是就业。

曾经的我，也和你们一样迷茫。

刚上大学时，我很怀疑自己的能力，因为学历低，甚至不愿意和从前的同学交流，我不愿提及自己失败的高考经历，我惶恐，也害怕。

浑浑噩噩地度过了大一的上学期，每天上课吃饭睡觉，不知道未来在哪里。直到决定考专升本，我才有了一个明确的方向为之努力。

每天为了目标倾注了自己所有的能量，实现了人生的一次跨越。

升本后，我有些得意扬扬，不论自己升本后的学校是什么样子，至少我现在是个本科生了。

我开始有些膨胀，有些过得不像自己了。本科后的两年生活，可以用四个字来概括：随心所欲。

我有时候逃课出去旅行，有时候上课看电影，下课追热门的韩剧。临近考试前，我着急又紧张，抓起一摞书冲向图书馆，英语六级考了三次也没能过，一个证书也没考。

考研是我当年专升本的最大动力，可在我一次次地挣扎和自我否定后，还是选择了放弃。

大学毕业后的我，选择了专业对口的工作，“稳定”成了我的人生追求。当年考专升本时的那股热情，渐渐地从我的身体中消失殆尽。我的生活很安逸，但却死气沉沉。

我开始在没有目标的状态下度日，最可怕的是，日子久了，我居然习惯了这种生活。

02

我并不是别人口中励志的样子，我颓废过，也迷失过。

直到去年，我在家休养的那段时间，我自学了尤克里里。我还重新拾起了画笔，我的生活仿佛有了一些生气，我找到了自己喜欢的事情。

2016 年，我开始了新媒体写作，渐渐地，我找回了那个丢失了很久的自己。

整整一年的时间，我写下了近 30 万的文字，这是我不敢想象的事情。

是写作让我找回了自己，也让我重新有了目标。

我无数次地问过自己同一个问题：现在的生活是你想要的吗？现在的自己是你喜欢的吗？

我的回答很坚定：不是。

大学毕业两年后，我才开始了真正意义上的学习。

工作时，我自学了 PS，没有任何基础的我上班之余百度各种教程。我一步一步地学起，从当初只会打开 PS，到现在可以自己独立做些宣传图。

我开始看书、看电影、旅行。有朋友知道我每天 5：30 起床看书，他们都惊讶我的坚持。我开玩笑地说：“因为我晚上要嗨，只有早上起床用功。”

其实，我知道，是自己从前欠下的太多，如今要统统补回来。

从 4 月份开始每两三天写一篇文章，从自娱自乐的随笔到能让读者产生共鸣的长文，从选题到内容和结构，我开始学习写作。报名参加写作训练营、领读营，笔记做了一本又一本。

我开始学习自媒体运营，我有了关于未来职业发展的规划，并在一步一步地实施中。

现在的我，也许还只是一个微不足道的写作爱好者，粉丝不到 3000，那又如何？至少我很快乐，我有了一群志同道合的伙伴，我找了自己喜欢的事情，并且在努力把它做到极致。

现在的我，也许没钱也没权，只是一个默默追逐梦想的姑娘，但那又如何？至少我在路上，至少我一直没有停下脚步。

现在的我，也许被别人质疑：写作能当饭吃吗？一大把年纪了，不考虑结婚稳定，整天瞎折腾！那又如何？我知道自己要的是什么，也有能力为自己的未来买单。

我是普通二本毕业的学生，曾经在职场上被人歧视过学历低，在大学期间颓废过、虚度过，甚至怀疑过自己，但现在的我每天都在进步。

努力，让我遇见了自己喜欢的事情，遇见了在这条路上一同前行的伙伴。最重要的是，我开始了真正的学习后，遇见了最好的自己。

03

有些读者会问我一个类似的问题：我现在大三了，努力还来得及吗？我大学毕业好多年了，现在开始是不是有点晚了？

记得电影《返老还童》中有这样一段话："一件事无论太早还是太晚，都不会阻止你成为想成为的人，这个过程没有时间限制，只要你想，随时都可以开始。"

无论你现在是大学在校生，或是工作者，想努力，想改变自己，什么时候都不晚。

关键不在于年龄，而在于你是否愿意吃下那份苦。

在江一燕主演的电影《七十七天》中，主角们坐在冈仁波齐旁的土地上，手中捧着酒，说了这么一句话："为了梦想，为了自由，为了远方，去他的命运。"

专科生怎样，双非生又怎样，只要想，你的未来从不会因为这些因素而止步。

永远不要怀疑自己，也不要否定自己。大步向前，步履不停。

不要着急，我会在路上与你们一并同行。

有多少人的大学，过着颓废的日子

01

我已经离开大学两年了，但对于大学生活，我仍然记忆犹新。

前几天，正在读大三的学妹打电话找我，她说在朋友圈看到了我的文章，想找我聊聊。

学妹说："学姐，我现在大三了，距离毕业也就一年的时间了，可是我现在很迷茫，我不知道应该如何选择。"

我问她发生了什么事情，一向乐观的学妹怎么会突然有这样的感慨。

学妹说出了实情："学姐，你不知道，看了你写的文章，我特别想努力一把。想去图书馆看看书，把英语六级考了，再准备考研。想法是很美好，回到现实中我才发现，自己根本做不到。因为我已经懒惰了两年，大一基本上在追剧中度过，大二基本上在兼职中度过。只有快考试的时候才会光顾一下图书馆，现在的我，根本不知道怎么努力了。"

我劝学妹说："现在努力还来得及，还有一年的时间，好好为自己规划一下吧。"

学妹说："我倒是想。首先自己没有动力，而且周围的同学也没有几个认真学习的，大家的生活状态还是像大一、大二一样。我知道这样很不好，但我真的很难做到。"

和学妹聊完天，我的心"咯噔"了一下，回想起了自己的大学生活。那时，刚刚考上本科的我如同放飞的小鸟，终于松了一口气，觉得终于可以享受美好的大学生活了。

紧张的三年学习让我有些疲倦，我开始彻底放松。周末和同学出去郊游，找了一份轻松的兼职，每天下了课就回到寝室，打开电脑看娱乐节目。

这样的生活，我持续了整整一年。那一年，我考了两次英语六级都没过，因为我知道，我根本没用心，只是临考前拿出模拟试卷来骗骗自己。那一年，我忘记了之前三年为了梦想拼搏的自己，开始放纵。

现在想来，自己足足浪费了一整年的时间。

好在大四毕业时的压力让我有了危机意识，我开始为自己的将来做打算。

我重新拿起了书本，走进了图书馆，虽然最后的结果不理想，但我也感谢自己的醒悟，没有让大学最后的光阴继续浪费下去。

很多人的大学都是在颓废中度日，只是有些人醒了，有些人仍在睡着。

02

最近，我回了学校一趟，算是故地重游。

正好赶上隔壁学校的开学季，一批批新生拖着行李箱，和父母一同办理着入学手续。

我在学校门口的公交车站等车的间隙，听到旁边的两个学生在聊天。

这两个姑娘打扮时髦，看着有种超过年纪的成熟。

其中一个个头很高的女生对另一个女生说："唉，咱们都老了，想想去年这个时候，咱们也都是小鲜肉啊，如今也荣升为学姐了。"

另一个姑娘应和着说："是啊，咱们都老了，所以要好好打扮自己。今天咱们去万达逛逛，我在微博上看到一支网红口红，超级好看。我一会儿去看看。"

"什么牌子的，多少钱啊？"

"我忘记了，好像是韩国的。倒不贵，300 多，但颜色超级正。"

"那我也要。"

"哎，你这学期考英语四级吗？"

"考吧，反正报名费也不贵，这么多机会呢，总有一次能过吧。这都是小事。"

"嗯，车来了，咱走吧。"

说着，两个姑娘手拉手兴高采烈地上了车。

一阵风吹来，站在车站的我忽然觉得心里有些凉意。

这难道只是大学生中的个例吗？我不敢再继续想。

一到毕业季，很多大学毕业生就表示：我不喜欢天天出差的工作，我不喜欢没有双休的工作，我不喜欢没有发展前途的工作。

这个 HR 认为我的学历低，这个老板认为我没经验。

现在的工作，怎么这么难找啊？

事实真的如此吗？

我们不排除确实有一些对学历、对能力有要求的公司，但归结原因，并非人家过分苛刻，而是你自己不够资格。

打了 4 年的游戏，泡了 4 年的网吧，追了 4 年的韩剧，刷了 4 年的微博。

这样的 4 年，何来的能力，何来的前途？

03

说一个大学同学的故事，他是我们班的学习委员。

同学有一个爱好，就是说英语。平时，他总喜欢和我们学校的外教在一起交流，全程英语沟通无障碍。

有一天晚上，我们在操场散步，我问他：“你的英语怎么这么好，我学了 20 年也没学出个名堂来。”

他笑了笑，说起了自己的英语学习之路。

原来，同学在专科时就开始学习英语，并且每天早起练习口语。只要碰到能交流的人，他一个也不放过。

专科大三的时候，他便考过了雅思，这对于很多专科生来说，简直不可思议。

周围很多同学不理解，你又不出国，学英语干吗？何况你是一个大专生。

在质疑声中，同学依然坚持了下来。

原来，所有的成功都不是看上去那么轻松，你只有非常努力，才能看起来毫不费力。

我们在羡慕别人的大学如同开了挂的时候，我们又何曾知道，这些光彩成绩的背后，是别人多少个日夜的付出。

我们总是懂得太多，做得太少，自然依旧过不好这一生。

04

此刻的你也许还在读大学，也许刚刚步入大学，也许正在迷茫如何改变。

一切都来得及，只要你不想继续这样颓废地过，咸鱼般地活。

一、卸掉你的王者荣耀，捧起你的书。

读书不一定会为你带来什么实际的利益，但读书一定会在潜移默化中改变着你。宋朝诗人黄山谷有一句名言："三日不读书，便觉语言无味，面目可憎。"

读书久了，你的思维、你的心智、你的谈吐都会得到提升。

二、开始为自己的未来储备一项技能。

我们都说，学历有时不如技术，但你为何不做一个既有学历又有技术的人呢？比如，练习演讲，锻炼表达能力；比如，学习二外，能够达到正常交流；比如，学习做出精美的 PPT，或是学习平面设计。

这些技能很有可能成为你未来的敲门砖，成为你战胜其他求职者的利器。

三、学习人际沟通。

不要小看人际交往，它是我们进入社会的必修课。一个不会说话的人，势必会为自己带来不必要的困扰。

四、朋友不在多，而在精。

进入大学，我们便不会再像中学阶段有那么多知心的朋友。很多同学都开始有了自己的小心思，不要为了合群而合群。

大学是个熔炉，需要我们不断地成长和学习，其中也包括选择朋友。选择那些聊得来的，真正懂你的朋友，一两个便足矣。

五、找到自己的兴趣爱好。

大学时期会有很多社团扑面而来，但不要盲目选择，不然浪费了时间，还学不到东西。

选择一到两个感兴趣，并且能够受益的社团，丰富自己的生活。同时发掘出一些有意义的兴趣爱好。

比如，我在大学期间喜欢画画，偶尔还弹弹吉他。虽然不专业，但也足够给我的生活添彩。

六、学会时间管理。

这个技能学会后，就能有计划地生活。现在很流行做手账，这是方式之一，还可以利用一些其他的软件，比如《番茄钟》之类。

将碎片时间合理利用，时间久了你会发现，自己做事的效率会得到提升，也不会再手忙脚乱了。我目前用的是手机记录，把第二天自己要做的事情列出来，重要的放在前面率先完成，次要的放到后面，保障每日的计划顺利完成。

七、女生学会化妆，男生学习健身。

关于化妆，个人认为女生可以学习化些简单的淡妆。微博上有一些教程，简单易学。男生可以学习健身，毕竟拥有一个好身材是终身受益的事。

但做这些的前提是，尽量不要奢侈消费，毕竟在学生阶段经济还不能独立。改善自己的外在，也是一种自我修炼。

听再多的建议，不付出行动，你依然过不好这四年。

用席慕蓉的一句话，送给正在迷茫中的你们：

“我终于相信，每一条走上来的路，都有它不得不那样跋涉的理由。每一条要走下去的路，都有它不得不那样选择的方向。”

愿你从此扬帆，出走半生，归来仍是少年。

我在努力过上我喜欢的生活

01

在从南昌回家的火车上，我遇见了一对中年夫妇。

早上我们起得都很早，于是我们坐在窗边，一起看着车窗外的风景，并攀谈起来。

这对夫妻出生于20世纪60年代，孩子已经成家立业，他们也即将退休，此去的目的是为了看望一位相识多年的老朋友。

头发有些花白的妻子，向我诉说着她和丈夫这些年的往事。

年轻的时候，家里穷，结婚没有像样的装饰，家具全是自己手打的。丈夫是纺织厂工人，自己是老师，婚后很快有了一个儿子。这样的小家在当时是最普通不过的，独生子女，双职工家庭。

他们的日子也伴随着儿子的成长渐渐有了起色。但他们发现，自己的一生仿佛都在围着儿子打转，忘记了自己，也忘记了年轻时的理想。

妻子喜欢画画，但限于条件和时间，她早早地放弃了这个爱好，丈夫曾经说过，等条件好了，要带妻子出去旅行，去看看他们的朋友。

这些在如今看来很容易实现的心愿，却成了他们那代人最大的奢望。为了孩子，为了生计，所有的梦想都成为了奢侈品。

现在，他们有了时间，也有了方向，开始完成自己一直想要实现的心愿。

妻子重新拾起了画笔，一笔一画地圆着自己曾经的梦，丈夫请了假，带着妻子开始周游各地。

看着他们和我分享这些时，脸上露出的喜悦神情，以及他们充满期待和满足的样子，那一刻，我仿佛理解了什么是梦想成真。

无论过了多少年，只要心愿在，我们都有继续上路的可能。

正如电影《小鞋子》中的一句台词："永远给自己一个梦想，即使它很远。"

02

小时候喜欢玩《超级玛丽》，我最大的愿望就是看看最后的结局。那时候，不知道什么是完胜，也不知道什么是通关，但我知道，每闯过一关，就很开心。

即便每一关都有不同的障碍，越到最后越难以过关，但还是翘首以盼地继续玩，看看下一关又会是怎样的光景。

当真的有一天，我完成了通关的心愿时，我最兴奋的不是取得胜利的那一瞬间，而是想到自己为了实现这此刻的努力，一步一步走到通关的过程。

那些日子才是真正让我感到快乐的原因。小时候不理解那种感受，但现在我知道了，那就是实现愿望的努力过程。实现梦想的过程会是我们最珍惜，也最怀念的东西。

那段全力以赴只为让自己更好的时光，是最美好的。

毛不易的《像我这样的人》中有这样一段歌词：

像我这样优秀的人
本该灿烂过一生
怎么二十多年到头来
还在人海里浮沉

我们或许都是世间最普通的一粒尘埃，微不足道，但我们却是自己的英雄，都在为变成自己想成为的样子而默默前行。或许，我们不知道这个过程会花费多久，但我们依然要大步向前，依然要马不停蹄。

因为我们都知道，有些事，需要我们自己去完成；有些路，需要一直走才会看到最美的风景。

03

我向来是个很有主见的人，自己决定的很多事情，会义无反顾地完成，无论周围的人怎么评价，无论这条路是否正确。

这样的性格，注定了我会实现一些东西，但也注定了我会走很多弯路。

中考没有选择考试，而是直升，父亲劝我，“还是试着考个重点吧”，而我没有选择这条路；高考后，周围的老师同学都劝我再复读一年吧，以我的成绩来年可以考上好学校，而我没有复读，选择上了专科；工作后，父母想让我从事稳定的工作，对我说女孩子不要太累太拼搏，我也没有听话，而是选择了又累又辛苦的汽车市场策划和执行。

如今，当很多人都在说，你这个年纪的女生就不要再折腾了，组建家庭、稳定生活才是最好的选择时，我却又开始了新一轮的挑战。

坚持写作、备战考研。在 26 岁这个年纪，我放下了曾经取得的一切成绩重新上路，去学习、去充电，想要看看自己到底还有多少潜能，还有多少没看过的风景。

我从不觉得突破自己会被年纪所束缚。

真正阻碍我们的反而是舒适区的安逸，是周围人的眼光，更多的是，我们自己丧失了勇气。

或许，我们会有家庭的羁绊，会有现实的阻挠，但我们依然可以去做、去走、去试一试。

没有时间看书，我们可以早起一会儿；没有机会旅行，我们可以攒一攒假期，总会有那么几天可以去转一转；没有专业的教练指导健身，我们可以自己练习。

最重要的是我们愿不愿意去改变。

04

朋友圈里有这样一个姑娘，她是一名大一在读的英语专业生。她总是说自己的时间不够用，她要学习英语、组织活动、参加比赛。

我问过她，你怎么有这么多的事情要做？

我在她的朋友圈里，看到了这样一段话：我想要变得强大，这是我自己想要的生活，在这个过程中的一切付出和一切艰难都需要去忍受，想变得更好，你需要放弃很多。这是自己选择的路，为了拥有一个不一样的未来。

我们都是来自普通大学的人，有些人可以在 4 年后有所成就，得到令人艳羡的工作；而有些人，则只能拿着毕业证到处碰壁，仍旧不知道自己为什么会这样。

那些让我们羡慕的人，只不过是多了一份坚持和努力。

现在的我，正在努力地实现着自己的小目标，过上自己想要的生活。

其实，很多的路不是别人告诉你就有了答案，而是只有自己走一走，才知道路上的风景是怎样的。

放弃比坚持要容易得多，但选择上路，我们都是生活的勇者。

那些曾经的自卑和忐忑荡然无存，因为，现在的我早已不是那个缺乏自信、畏首畏尾的姑娘。我拥有热爱的事情，拥有勇往直前的动力，我不想成为别人眼中成功的样子，我只想做好自己，做自己喜欢的事情，成为想成为的人。

长大，是漫长的过程。有很多个转弯处，有很多荆棘丛生，有时需要携伴而行，而有时则更需要独自前进。

站在人生的每一个十字路口，我们或多或少都有过迷茫、害怕，或者不知去向。这就是成长。

我从不是“好学生”，但想做个好人；我不想成为励志的榜样，只想成为自己喜欢的模样；我从不给自己定义标签，因为每一步都是过去的积淀。

正如毛不易的歌里唱到的那句：“像我这样不甘平凡的人，世界上有多少人。”

我想，还有很多。

Part 6
没有适合结婚的年龄，只有适合结婚的感情

没有适合结婚的年龄，只有适合结婚的感情。永远保持一颗纯真的心，对爱情充满希望，我们终将会遇见生命中的 Mr.Right。只要是你，晚一点也没关系。当你出现时，我会轻轻地对你说一句："Hi，很高兴认识你！"

爱情里，比分手更痛的是形同陌路

对方说："我已经不爱你了。"

你着急了，脱口而出："没关系的啊！我们还是可以在一起的啊！"

说完，你忽然哭了，不是因为伤心对方不爱你了，而是因为这一瞬间，你猛然醒悟，自己已经成为爱情的乞丐。

——蔡康永

01

当一段感情已经开始走向分手时，那么两个人恐怕早已背道而驰，现在只是勉强维系着这段感情。

你觉得足够了解对方，试图用尽各种方式挽留这段感情。你努力变成对方喜欢的样子，越来越看不清自己原本的模样。

在这样的感情中，爱情已无法弥补继续走下去的缺失，你们不是不够爱，而是爱得越来越疲惫。

朋友康子和前任分手时，已经在一起三年了。按理说，三年的感情已经基本可以了解对方的大部分东西，比如习惯、脾气和性格，包括一些自己无法接纳的点。

但三年后，康子在面对自认为足够了解的女友时，仍旧在快要结婚的前夕选择了分手。这个结果让很多人唏嘘不已，即将走入婚姻殿堂的他们为何会选择分手呢?

康子说："一直以来，我们都在相互磨合，直到订婚后，两个人选择了同居，才发现每天在一起的日子和之前的恋爱模式完全不同。所有的好的坏的，一览无余地展现出来。渐渐地我们发现，有些东西我们无法包容和改变，并非不能变，只是那种改变让我们都失去了走下去的欲望。"

康子的前任不喜欢老人，婚后无法和老人同住，但又一定要让婆婆带孩子，因为孩子随康子的姓。女孩喜欢男人有上进心，但康子偏偏又是小富即安的性格，不愿意去拼搏。

类似于这样的不合还有很多，康子说，分手是两个人共同决定的，既然都无法为对方改变，那为何不选择分开。

这样的分手虽然伤心、痛苦，但时间可以慢慢平复。两个人见面依旧可以打个招呼，没有永不见面的结局。但在所有的分手中，有一种是最痛的，那便是爱过，最后却形同陌路。

爱的最深的那个人成了最狠心的人。

02

曾在微博中看到一幅图，是一对情侣从确定关系的前三个月到分手半年后的对话过程。

男生从最初的嘘寒问暖，到最后的毫不理睬。

女生从最初的被追求，到最后的拼命挽回。

追求时，女生生病、来例假在男生眼里都是天大的事情，而男生想要分手时，可以彻夜不归，直到说出那句最绝情的话。

女生恋恋不舍，想要复合，却在分手的半年后发现，对方早已将自己拉黑。

我们很难想象，当初爱得你侬我侬的两个人，最后会以最绝情的方式结束这段感情。当初爱的最深的人，成了最后扼杀自己的人。

可以头也不回地离开，忘记当初的所有。

这样的分手，痛苦远远超越了性格不合造成的分手。

那个人明明还在，但你却再也碰触不到，再也听不见对方的呼吸，你们彼此爱过，甚至爱得很深，但结局却早已注定。

想分手的人可以说出最薄情的话，说出让你最疼的理由。

你们甚至没有嘶吼和吵闹，一切都很平静，只因为对方的一句：“我不爱你了，我累了。”

此时，你会发现，这段感情所剩的只有冰冷的对白。一字一句，犹如钢针一般，一点一点地刺入你的心房。

疼痛并不剧烈，但足以持续很久很久。

03

曾经看过一期人物采访，主人公是位被分手10个月的女生。她和男友一起从老家来到西安工作，起初二人的生活简单而甜蜜。

两个人租了一间小公寓，下了班一起去超市买菜，回家做饭刷剧。但这样的生活随着男友事业的发展渐渐消失。他们变得很少会在一起吃饭，纪念日也通通略过。

男友时常加班应酬，陪伴女孩的时间越来越少。

他们开始了无休止地争吵，分手前一天，女孩摔碎了男孩送给她的第一个生日礼物。争吵让两个人之间的距离越来越大，除了吵架，他们几乎不说一句话。最终，男孩选择了离开。

视频中记录着女孩分手后10个月的生活。

她在分手后的前3个月，几乎每天都喝酒，喝到胃出血，留下了后遗症。她会不由自主地摆上两副碗筷，订两份外卖。她经常去到他们一起去过的一些地方，比如电影院、超市。女孩在很多个夜晚，想要拨通他的电话，手指却停在了拨通键上。

10个月的煎熬后，她终于释怀了。

她决定不再喝酒，不再委屈自己，下决心删去了对方所有的联系方式，继续留在这座城市里，为了自己去生活。

爱得痛苦，不如选择放手。

记得《体面》中有这样一段歌词：

我爱你不后悔也尊重故事结尾
分手应该体面谁都不要说抱歉
何来亏欠我敢给就敢心碎

即便是分手，即便是形同陌路，在分手后，也不要让自己太卑微。

既然已经很痛了，何必再自我折磨。不爱你的人永远也不会再关心你是否哭泣，是否难过和伤心。

哪怕还爱着，但你也要明白，你们从此天各一方，不会再来往。

04

如果自己不爱了，那就和平分手。如果对方不爱了，不必纠缠，也不必自我折磨。

即便有一天，我们形同陌路，擦肩而过，我们各自有了新的生活，但我也不再难过。或许，分开是我们最好的选择，爱过，是我们之间最好的回忆。有了这些便足矣。

正如《前任3：再见前任》中的孟云和林佳，他们真正的分手并非说出分手的那句话时，也不是林佳拖着行李箱离开家的刹那。而是孟云穿着齐天大圣的衣服，站在广场中央，大喊“林佳，我爱你”的时候，是林佳买来一箱杧果吃到休克的时候。

那是他们的告别仪式。从此之后，我们天各一方，各自天涯。

最后，我们可以云淡风轻地说一句：“前任，感谢你来过我的世界，教会我成长。”

哪有分手的人，没在深夜里痛哭过

这两天刷知乎，偶然间看到一个问题：你最难过的一次分手经历是怎样的？

其中，有一条点赞并不高的回答让我有些动容。

回答这样写道：没什么特别的感觉，该吃吃，该喝喝，朋友面前傻大姐一个，只有晚上的时候，会一个人躲在被子里哭上一会儿，哭累了，就睡了。

一句“哭累了，就睡了”，看得我有些心疼。

我们都曾经历过分手，也知道分手的痛，有些人会与朋友倾诉，有些人学会了自虐，有些人学会了坚强。

有多少分手的人，没有在独自一人的深夜里痛哭过呢？

01

在收到的众多读者的私信中，记得有一个刚和男朋友分手半个月的姑娘给我发来信息。

姑娘说：“姐姐，我实在难受，但不想和朋友说这些事，只能找陌生人倾诉了。我和他在一起两年，是在学生会中认识的，时间不长，但我一直觉得他就是对的那个人。他对我特别好，但我们最后因为异地的关系，他提出了分手。几天不说话，说话就吵架，我们都很累。”

姑娘说她分手后的半个月里，胸口像压了块大石头，每天绞着痛，晚上常常做梦，一觉醒来满脸的泪水。第二天却还要像个没事人一样继续上班，面对别人，她笑得很开心，但只有自己知道心里有多痛。

国外有一个视频，记录了两人分手后一天的生活。

两个人如同往日一般归于平静的日子里，工作、聚会、散步、吃饭、交友。他们都试图通过这些事情让自己得到释放，忘记彼此。但当回到家里，打开手机后，依然会翻着没有删去的合照，一张又一张看得心酸，编辑好信息后却又删掉了。

我们都学会了伪装，让自己看起来毫不在乎，但我们都知道，分手后的隐痛以及从未说出口的那些感觉，一直流淌在血液里。

我们想摆脱，但总是无济于事。只好等待时间去修复、去溶解，直到遇见下一个人，也许才会好些。

02

也许，你在心里无数次地骂过前任，骂自己当初看走了眼；也许你在无数个夜里，一手拿着啤酒，一手对天发誓再也不谈恋爱，像个傻子一样胡言乱语；也许你扔掉了所有关于你们的东西，如果可以你想选择性失忆，忘记你们的过去。

但等你清醒后，一切照旧。你没有忘记那个人和那段怎么抹也抹不去的记忆。

我们之所以会难过，会痛苦，原因很简单，因为爱过。

“爱过”这两个字包含了我们恋爱时的一切，包括那些山盟海誓，包括那些未来期许。

所谓前任，都是曾陪着我们走过一段人生之路的人，不论结果如何，毕竟曾经是真的相爱过、开心过，在我看来，前任是你的过去，而眼下的生活才是你的现在和未来。

所有的放不下，皆因忘不掉。

如果有一天，当我们提及这个人时可以会心一笑，云淡风轻，那便是真的放下了。在那之前，我们需要一个过程，过程中往往会拼命折磨自己，回忆过去。

03

那些难熬的深夜，我们都要经历。忘记一个人很难，但开始一段新的生活才是我们需要做的。

所以，我们需要和过去、和前任好好地说声再见。

到了真正该告别的时候了。

再见了，前任，再见了我们一起吃过的麻辣烫，抓过的娃娃机，再见了学校门口树荫下牵过的手，煲过的电话粥。再见了，前任，再见了我们一起度过的生日，轧过的马路，再见了一起逃课的穷游，一起放假回家坐过的公车。

再见了，前任，再见了我们这些年一起泡过的图书馆，一起熬夜刷过的题，再见了一起说过的甜言蜜语，一起拥抱的美好时光。再见了，前任，再见了我们所有的第一次，第一次接吻、第一次牵手、第一次幻想我们的未来。

再见了，前任，再见了这些年流过的泪水和开心时的笑声，再见了，我们看过的每一场电影，说过的每一句话，送给彼此的每一件礼物。再见了，前任，再见了我们在一起的每一天、每一分、每一秒，再见了，你带给我的所有快乐时光。

再见了，前任。

或许这声再见说得有些晚，但说过便是过去了，我们再也回不去了，因为我们还要继续生活。

想一个人就拼命去想，爱一个人就好好去爱，该忘记的时候就勇敢忘记。别让分手打垮了我们，谁还没分过几次手啊！

一切都会过去，我们也会忘记，会有一个合适的人在未来张开双臂，拥抱我们。

不是吗？

感情至终不易，天真到老更难

在一段感情中，最重要的是什么？

这是一个开放式的问题，答案自然也因人而异。有些人会说是“合适”，有些人会说是“包容”。

这些都是感情中必要的因素，但最重要的一点是能够“做自己”。这一点需要双方在感情中保持本性，没有附加的表演。如果彼此能做到一直拥有那份天真，那么毫无疑问，这段感情是值得维护和珍藏的。

无论是爱情、友情或是亲情都如此。

01

当自己抱以真心去对待别人时，我们都希望自己在情感圈中获得真挚的回馈，这是我们最初的认知。

但我们时常发现，现实并非如此，有些情感中我们付出的是真心，得到的却是虚伪和欺骗。

在很多人看来，即便一些白首到老的爱情，一些地久天长的友情，甚至是一段浓浓至深的亲情，我们往往都无法做到最本真的自己。我们都需要学会适应各种情感中的起伏变化。

感情至终已不易，天真到老会更难。

在我的友谊长河中，有过很多来来往往的人，但在这些过往的人群中，有那么一些人，从我们的相识到如今，感情始终不变。这些人就是我的高中同学。

认识 11 年，我们的友谊也保存了 11 年。

从前，我们在同一所中学、不同的班级读书，下课总喜欢在一起打打闹闹，不分彼此。

转眼间，我们上了大学，各奔东西。在不同的城市，学着不同的专业，每年最开心的时候就是放寒暑假，可以回到家，聚上那么几次。

夏天的傍晚，他们总喜欢骑着电动车，载着我去河坝边玩，天色晚了，就一起送我回家。

我们 4 个人的友谊从没有因地域和时间的变化而改变。快 30 岁的我们，每次见面聊的话题变了，身份地位也不同了，但庆幸的是，我们依旧保持着最天真的一面。

他们把我惹急了，我依旧会追着他们后面打，我不开心了，他们会集体安慰我，帮我出主意，会彼此开玩笑，依旧打打闹闹。

10 年的光阴好像没有太多地改变我们，那份难得的天真仍然陪伴着我们继续走下去。

未来，我们会有各自的家庭，会拥有更多的身份。但这份天真，是我们一直保有的美好，也是我们友情永存的润滑剂。

02

很多人，早已忘记了最初的自己是什么样的。忘记了自己当初为何会选择这条路，为何会选择这段感情。

很多人会说，我们都不想改变，但现实本就如此残酷，它将我们慢慢地雕琢，磨去棱角，变成没有鲜明属性的共同体，再也没有了自己的个性。

随之，我们发现了一些现象。择偶时，我们不再单纯地只需要爱情和面包，我们还要面包之上的配置，房子、车子、稳定的工作、不错的学历。

交朋友，我们不再单一讲究是否聊得来，而是要势均力敌，有利益关系。

做事情时，结果怎样是最重要的衡量因素，过程中自己的感受好像变得无关紧要，我们会想尽一切办法实现自己的目标，而不会去关心自己在这其中获得了怎样的成长。

我们越来越难以保持初心、保持天真，因为我们发现，周围的很多东西都在变化，如果我们这样做，会很吃亏，会很傻气。

于是，我们都带着功利心去做事，去认识这个世界。

我们学会了攀比和奉承，学会了隐藏和逃避，更学会让自己变得不再那么真实。

当我们意识到，如今的自己已经变得越来越不像从前的自己时，我们会开始害怕，也会讨厌现在的自己。

我们想要挽回，却发现自己早已面目全非。

03

《北京女子图鉴》里的陈可北漂 10 年，遇见过很多爱情，也维系过很多感情。她从最初简单单纯的小女生，到最后成为了创业的独立女性。

在这期间，她带着最天真的自己融入了这座城市，把所有美好的感情寄托在了这座城市里。但当现实的打击一次次地向她横扫而来时，陈可发现，天真的自己好像已经不能再适应当下的生活了。

于是，她开始改变。从外在到内在，变得连老家的闺密都觉得，她越来越不像陈可了。

但我们仔细想想，这样的改变是坏事吗？

并不一定。我们的成长之路不可能不变化，所谓的长大，必定伴随着改变，将从前的自己撕碎了，再重新捡起，塑造一个更好的自己。

保持天真很难，但如果每次的重塑能够是一种向上的成长，那么我们的那份天真依旧存在。

不过是换了一种形式和一种状态，但我们还是我们，是比从前更好的自己而已。

所以，我们在感情中不必害怕改变，也不必害怕重塑。

那是一种力量，能让我们更坚定地维护着我们值得珍视的情谊和过往。

04

任何一段感情，任何一次成长，我们都要伴随着阵痛和改变，没有不变化的人，更没有不变化的事。

我们要做的或许很简单，接纳那个一直在改变的自己和这个本就在发展的时代，才能在每一次的变化中重塑一个更好的自己。

正如很多人多年间变换的是不同的身份和属性，但不变的是那份天真，是那份对于所有美好事物的追逐和最真实的自己。

改变不可怕，可怕的是我们变得越来越不像自己。

改变是好事，带着最初的自己出发，在这条路上遇见更优秀的自己。这必定是一种向上的力量。

别让爱你的人，等你太久

01

前不久，我参加了一个朋友的婚礼。在婚礼上，我遇见了很久没见的一位好友，我和姑娘找了一家咖啡馆，聊了聊天。

我知道，姑娘有一个交往了快 10 年的男朋友，算是青梅竹马，两个人毕了业一同去了深圳发展，男孩做汽车销售，姑娘做会计。

姑娘聊到她的爱情时，眼眶有些湿润。她告诉我：“我想结婚了，可是他总说再等等，等他攒够了买房子的首付就结婚。你知道的，我今年 27 了，这让我怎么等？我怕我等不下去了。”

姑娘的青春里全是男孩的痕迹，他们相恋在高中，经过了大学 4 年的异地，终于苦尽甘来。在深圳的第三年，姑娘和男孩提出了结婚，男孩却一推再推。

理由很简单：等我有钱了，我就娶你。

在电影《咱们结婚吧》中，陈意涵与郑凯饰演一对情侣。女孩是个“逼婚族”，她想结婚了，也想安定了，快 30 岁的自己，已经等不起了。

而男孩却害怕结婚，要再等等，最后等来的是女孩的离开。

“等待”在爱情中是个中性的词汇，可以等待爱情的降临，等待幸福的时刻，等待白首的那天。但有些等待，会让女孩渐渐地失去耐心，也失去了安全感。

02

曾经，在一次同学聚会上，几个男生聊到了物质与爱情的话题。

他们达成了一个共识，那便是：我要积累足够的物质，再考虑结婚，不然是对女孩的不负责，爱她不能给她一个好的生活是不行的。

现在的婚姻，除了爱情，物质更是首当其冲。

结婚前，两家人坐在一起，看起来在商量婚事，其实是在做物质交换。房子要多大的、名字写谁的、首付谁付、贷款谁还。

这些都成了婚姻是否美满的条件。

在一个街头采访的视频中，记者问了女生们这样一个问题：“男人 30 岁，该有多少存款？”

月薪 5000 的 28 岁幼儿园教师认为，30 岁的男人应该有 100 万存款；月薪 4000 的 38 岁服务业人员认为，未来的女婿 30 岁应该有 50 万存款……

不难发现，作为对未来对象的期盼，存款越多仿佛越能给她们安全感；而作为挑选未来女婿的标准，对存款也有一定要求。

存款越多，代表婚姻的安全指数越高，幸福程度越高。

不少男生的观点是：和你结婚，我要对得起这份感情，我要给你更好的生活，没钱怎么能给你幸福。

这便出现了开头故事中的现状，男生拼了命地挣钱，女生焦急地等待。

但女生真的那么在意物质吗?

03

我的闺密，今年五一走入了婚姻的殿堂。

她的新房是一间租来的 50 平方米的小房子，唯一的聘礼就是男孩存下的 10 万块钱，婚礼没有请司仪，现场所有的布置全出自闺密的巧手。

有人会说，没有房子，怎么能结婚?

这个问题我也问过她，闺密笑着对我说："谁说有房子才能结婚，没房子就不能幸福了? 我和他在一起 5 年，我们一直租房住，现在的区别无非是多了一个身份，多了一份责任。而且，我们会买房子，已经在存钱了，不过是比别人晚几年，但我们依旧过得很快乐。"

闺密说话的时候，眼神里是满满的幸福。

我知道，她和他在一起后，从一个 90 斤的窈窕淑女，成了现在的"唐朝美女"。只因为男孩每天变着花样地给她做好吃的。

我知道，她从一个娇生惯养的掌上明珠成了现在可以独当一面的社会人，因为他们一同成长，一起进步。

原来，爱情可以没有房子也没有车子，却依然幸福。

只要，你们愿意一起奋斗。

昨晚，看了《相爱相亲》这部电影。在影片的末尾，我哭了。

影片中的妻子是位教师，即将步入退休的年龄。有一天，她走出校门，看到丈夫开了一辆新车等在校门口。

她问："谁的新车? "

“咱们的。”丈夫温柔地看着妻子说。

结婚前，年轻的妻子是当时为数不多的师范生，丈夫当兵转业回来，觉得自己配不上她，想分手。但妻子并不在乎丈夫的身份地位，每天都去家里帮丈夫的父母料理家务。

妻子坐在副驾驶位，问丈夫：“怎么想起来买车了，花了多少钱？”妻子有些不悦。

丈夫侧过头看了看妻子，放了首歌说道：“早就想买了，你还记得吗？你以前说过，等咱们退休了，就买辆自己的车，我载着你去兜风，现在退休了，也有钱了，我还是想出去转转，如果你能在身边，那最好了。”

“你知道吗？我做了一个梦，梦见一个年轻的男人，可是我怎么也想不起来他是谁，现在我记起来了，那个男人就是年轻时候的你。”妻子说完这句话，看了看旁边的丈夫，眼泪落了下来。

年轻时，我不觉得你穷，我喜欢你，无论你是否富有。

中年时，我们会吵架，会因为家长里短的事情意见不合。

现在，谢谢我们当年的坚持、彼此的坚守和没有放弃，谢谢你还记得我所有的愿望，帮我一一实现。

因为我相信，我们什么都会有的，只不过会晚一些。

04

亲爱的姑娘，与其等待，不如让自己变得更优秀，你可以独立、可以努力、可以不必依靠那份别人给你的安全感。

身边的一个姑娘，活成了很多人眼中羡慕的样子，她精通英语和日语，工作之余便四处旅行。有人会说，她有背景，有殷实的家境。

其实，姑娘的家境很普通，她今天所拥有的一切都是自己拼来的。

别人只看到了她的光鲜，却不知道她曾经连续加班两周，只为一份小小的策划案，她利用在地铁上的时间，学习英语和日语。她不想依靠任何人，只希望自己能多努力些，在那个对的人出现时，不用担心他是否能养得起自己，会因为钱而失去对的人。

她想做个有底气的姑娘，自己给自己那份安全感。

亲爱的男孩，你需要奋斗，但也不要让你心爱的姑娘一直等你。

真正爱你的人，不会因为你的现在而离开你，只会因为，你让她看不到等待的未来而放弃你。

你当然要奋斗，当然要给她更好的生活，但在这之前，你需要给她更多的陪伴。

如果一个姑娘只会依赖你，把所有的重担和压力交给你，那么也别留恋，因为，她配不上你的爱。

别让等待，丢失了你的挚爱。

别让爱你的人，等你太久。

物质至上的年代，我们还能遇见爱情吗？

01

一次，和几个高中好友一起聚了餐，我们手里攥着肉串，嘴里聊着爱情。

朋友说："爱情这个东西，不要也罢，结婚不就是找个人搭伙过日子，一天又一天地重复吗？"

另一位朋友说："家里催婚，我也没办法，我要在28岁之前解决这个问题。"

其实，我们这个年龄的爱情，早已过了"风花雪月，你侬我侬"的阶段，更多的是脚踏实地，择一人终老，但即便这样，依旧困难重重。

不是我们要求太高，而是我们都变了。

爱情的前提被附加上了各种条件，不是必然，却是必需。爱情不再纯粹，也不再仅仅是两个人的事情，更是价值观的匹配，两个家庭的默契。

前不久，在朋友圈里看到一位朋友发了一段话，大意是：在这样一个物质至上的时代，我仍旧期盼一段纯粹的爱情，可以没有车，没有房，只要两个人相爱就好。

看到这样的爱情观，我想起了曾经的自己。那时候，所谓的物质对我来说不过是“过眼云烟”。那时候的自己天真得如同一张白纸，没有瑕疵，对于爱情抱着天真的幻想。

我很鄙视“物质女”，结婚为何一定要买房？租房也可以幸福啊！办婚礼为何一定要彩礼钱？穷尽对方父母一生的积蓄，只为所谓的“习俗”。

我被同学说傻，说装清高，但我却不以为然。

我坚定不疑地守护着自己对爱情的信仰，我以为那不可侵犯，也不容颠覆。

我记得席慕容说过一番话：“在年轻的时候，如果你爱上了一个人，请你一定要温柔地对待他。不管你们相爱的时间有多长或多短，若你们能始终温柔地相待，那么，所有的时刻都将是一种无瑕的美丽。最好的年华，遇到最美的爱情，何须在意这么多，一定要给爱情加上枷锁。遇见了，就好好爱，这是无法与物质和金钱挂上任何联系的。”

带着这样的信仰，我一直保持对爱情的美好向往。

02

但不知从何时起，也许是因为自己的经历，也许是因为世俗的冲刷，我也开始变得不再纯粹，不再简单，想要的越来越多。

如今我明白了，是我长大了。至少在面对感情的时候，不再满是天真和不切实际的幻想，多的是踏实和平淡，而这些的来源是物质的积累。如果现在，有人对我说仍有不在乎物质的爱情，那我会相信，但绝不向往。

我见过太多因为物质匮乏而分道扬镳的爱情，他们不是不够爱，而是输给了残酷的现实。

爱情在物质面前，是那么得不堪一击。

曾看过一则新闻，一位姑娘春节和男友回老家过年，男方的老家是农村的，而且是很贫穷的农村。即便姑娘做好了心理准备，但在抵达时，仍旧无法接受这样的家庭环境。

20 世纪 70 年代的瓦房，从邻居家东拼西凑的桌椅板凳，姑娘无法想象，婚后的生活会是怎样的，她选择了分手。就算再爱，又能怎样？“贫贱夫妻百事哀”，没有物质的爱情，也许真的不会长久。但物质应当来源于两个人的共同努力，而不是一味只求对方付出。

经常可以听见这样的抱怨：“结婚我要全款的房子，我不能过还贷款的房奴生活”，“房本上必须只写我一个人的名字，我是女人，我要安全感”……

追逐物质幸福并没有错，这是爱情的基本保障，但是在追逐前，要看看自己够不够资格配得上它们，虽然我是女生，但我一直认为，好的爱情不是依赖，而是相互给予。

情感上如此，物质上亦如此。

所谓的安全感，从来不是别人能够给予我们的，而是我们自己给自己的。想要富足的生活，首先要自己努力，而不是做一只寄生虫。

03

没有物质的爱情，不会长久，没有爱情的婚姻，更不会开出绚烂的花朵，这些都是两个人共同经营、共同缔造的。

《喜剧之王》中有一段经典的对白：

“看，前面漆黑一片，什么都看不到。”

“也不是，天亮之后便会很美的。”

很多时候是我们想要的太多，又不肯付出。

好的爱情，是两个人一起努力，一起经营。我爱你，只是一句誓言，走下去，才是真正的生活。

纵然，你眼前的爱情在物质方面很匮乏，可那又怎样？如果你爱对方，为什么不能一起努力？男生不要轻易地推开你爱的人，不要怕她吃苦受罪，如果爱情只能同甘不能共苦，那也不是爱情。女生也不要轻易地离开爱你的人，如果连试一试的勇气都没有，那所谓的爱情也不过是禁不起考验的虚假臆想。

也许，我们都要勇敢一些。不要轻易对现实说“不”，能够遇见是缘，能够相爱是分，能够走下去是幸运。

我想起了《爱情转移》中的一段歌词：

阳光在身上流转
等所有业障被原谅
爱情不停站
想开往地老天荒需要多勇敢
……

很多人的爱情，还没开始便结束了

人们常说，好的爱情始于心动，但有种爱情，是终于开始。

曾经和一群朋友讨论过一个话题，我问他们喜欢一个女生时的感觉。

“上大学时，喜欢一个女生，但感觉自己是个‘屌丝’，人家是女神，咱配不上。”

“喜欢就远远地看着，你也不知道人家喜不喜欢你，要是去表白，被别人拒绝了，多尴尬啊。”

“我现在没钱也没权，怎么给人家女生安全感啊，等我发达了再考虑吧，毕竟现在的女生是爱情和面包都要。”

瞧，爱情有时就是这样，在心动之初，便戛然而止了。

01

在爱情产生的初期，男生们常常会陷入自我循环的质问中，我配得上她吗？她那么优秀，那么漂亮，我只能远观，不能近望。进一步不敢，退一步更难。久而久之，心仪之人越来越远，你却越来越自卑。

曾经，一位女性朋友和我分享了她在大学时期所遭遇的一件事。

朋友喜欢同班的一个男生，碰巧的是，男生也对她有好感。这本是一段你情我愿的恋爱开始，但没想到，男生却拒绝了女生。

朋友说："我和他表达了自己的感觉，他也承认喜欢我。但他给了我一个我不能理解的理由。他说现在没有能力给我幸福。就算喜欢，但如果不能让我幸福，就不会选择自私地在一起。"

"其实，我从没这样想过，我总觉得，我们比起一厢情愿的人来说要好很多。我们彼此喜欢，未来一同打拼，我并不要大富大贵的生活，只想和喜欢的人在一起，他怎么就不明白呢？"

你总想着给女生安全感，但你有没有想过，女生也许并不需要你所谓的安全感，她们也许只是想要一个你的拥抱。

未来很长，她想与你一起走下去。

02

喜欢张皓宸的一句话："我与世界只差一个你，因为是你，晚一点没关系。"

你所有的软肋和铠甲，只想在喜欢的人面前脱下。也许你并不完美，但于对方而言，无论你怎样，只要是你就好。

闺密和现在的丈夫相识时，男孩只是一个普通的修车工，每天与车为伴。闺密是本科生，这段在很多人眼中不匹配的爱情却走过了七年之痒，迈进了婚姻的殿堂。

我曾经问过闺密："你不在乎他的文化水平比你差很多吗？"

闺密笑着说："如果在乎这些，我也不可能和他在一起。喜欢就喜欢了，考虑那么多，如果错过，不是很可惜吗？而且我从未后悔过，如果因为我们其中一个人的胆小而放弃了彼此，那不是更遗憾吗？”

婚礼上，男孩说了一句话：“有人问我喜欢她什么，我想了想，喜欢需要什么理由，在我眼中，她就是她，也许不完美，但我就是喜欢。”

也许我们都在努力让自己变得优秀、变得完美，但是，你要做的不仅仅是让自己变得无可挑剔，而是更要学会做最真实的自己。

你要相信，爱你的人会包容你的一切小缺点，而不是渴望你变成一个完美的伴侣。

记得《恋恋笔记本》中有这样一段对话：“你觉得我们的爱可以创造奇迹吗？”“我想可以，正是因为爱每次都把你带回我身边。”“你觉得我们的爱能把我们一起带走吗？”“我想我们的爱可以让我们无所不能。”

在爱情里，我们总是会为它附加各种条件，房子、车子、票子。没有这些，你便不愿前行，止步于开始。

你越是自卑，就越被动，并非你不够好，而是你的胆小驱使着你越来越害怕。

席慕蓉在《小红门》中写道：“这个世界上有很多事情，你以为明天一定可以再继续做的；有很多人，你以为明天一定可以再见到面的，于是你暂时放下或暂时转过身。”

曾经有多少个夜晚，你思念着心里的那个人，却迟迟没有拨通那个倒背如流的号码。你内心纠结，你恨自己为什么不能踏出那一步，恨自己为什么不能勇敢一次，给自己一个机会。但即便是这样，你仍旧一次次地放弃，再也没有机会挽回。

不要让你的犹豫不决导致你错过了那个对的人，不要让你的懦弱自卑，输在爱情最起始的地方。

03

爱情没有那么多借口，如果最终没能在一起，只能说明爱得不够。

如果真的爱一个人，怎会舍得轻易放弃？除非爱得不够深。

你要做的，不是逃避，也并非胆怯。你要做的，是让她知道，你爱她。就这么简单。

你会努力工作，给她物质上的安全感；你会努力陪她，让她不再孤单；你会努力让她幸福，不再患得患失。

她正张开怀抱，迎接你的到来。

从此，你会让她的世界丰盈，她再无软肋。而你，拥有了温暖和自信，你们成就了最好的自己。

也许，在一起不一定能永远，但不在一起，一定会是遗憾。

爱情最好的模样是，遇见了，我便再也不会放开你的手。

没有适合结婚的年龄，只有适合结婚的感情

01

因为一些事情，和以前一起共事的一位姐姐聊了聊，说是姐姐，其实我们同岁，只因她阅历丰富，大家都喜欢称呼她为璇姐。

璇姐今年年初荣升为了妈妈，很是幸福甜蜜。聊天中，璇姐问了我现在的感情状况，得知我还没有交往的对象，璇姐便化身为红娘，为我罗列了身边的一群“门当户对”的单身男青年：有铁路上的公务员，也有家境优越的富二代……

按照璇姐的话来说：“咱俩同龄，我都是孩子妈了，你怎么一点都不着急呢？不要以为自己本科毕业，家中独女，便觉得自己可以钓到金龟婿，眼光不能太高。你这样挑下去，等到了30岁，只能被别人挑了。”

我听完她的话一脸无奈。看着璇姐如此热情地替我操心终身大事，我答应了她，去见见那些单身男青年，如果换作从前，我一定会一口回绝，但不知为何，我现在也会考虑相亲这条路。

比起璇姐，更令我恐惧的是逢年过节。家里的亲戚都还好，比较开明，但抵挡不住那些走亲访友的七大姑八大姨，热心肠的邻居阿姨

们的关心。他们真是替我操碎了心。每逢遇见我，都会拉着我去家里坐坐，问问工作，问问生活，问着问着就问到了择偶的问题，于是一连串的“心灵课堂”就此拉开序幕。

不知是习惯了，还是听得多了麻木了，我现在对他们在这方面的“关心”并无太多感受。他们说，我就听着，仅此而已。

02

我的二表姐比我大两岁，但在感情上真是堪称我的老师。高中时，她搭乘了早恋的班车一路向前，从未停止，直到遇见了我现在的姐夫。

因年纪相仿，和姐姐经常聊一些感情上的话题，姐姐曾经也有过一段刻骨铭心的爱情。为了这段感情，他们彼此付出了很多，分手后，姐姐仍对这段感情记忆犹新，每逢谈及，好像触碰了她心底的那道防线，总是泪如泉涌。

姐姐婚后，我曾问她是否还想念那个“他”。

姐姐说：“那个人我永远也不会忘记，因为人的一生应该有一个挚爱。但现在的我也很幸福，遇见你姐夫，我明白了什么叫生活，什么叫安定。走了那么多路，最终还是要选择那个最适合自己的人共度一生。”

曾经听过一句话：人的一生会遇见 4 种人。懵懂青涩的初恋，你深爱的人，深爱你的人，合适的人，最完美的便是这 4 种人是同一个人。

这是一种美好的奢望，我们不一定都会遇见这 4 种人，但最好的结局可能是和最后一种人在一起。

我们在择偶时，会设立很多的条条框框：外貌、学历、工作、家庭条件，等等。但很多人找不到对象，其实并非被这些条条框框所限制，我们都明白，当自己遇见那个对的人时这些条件便什么都不是，只可惜，我们还未曾遇见。

曾看过这样一句话："喜欢一个人很简单，找对象也很简单，真正难的地方是相处，是以后大家一起经营生活。"

没错，我们的一生会遇见很多人，也会喜欢很多人，甚至爱过很多人，但真正能一同走入婚姻殿堂的，却只有一人。如何经营好两个人的生活和爱情，需要缘分、包容和学习。但前提是，我们必须先找到那个合适的人。

我们之所以害怕被催婚，恐惧相亲，其实并不是因为我们害怕婚姻本身。只是因为随着我们年龄的增大，担心可能会在某一天身不由己地选择了将就，被动结婚，最终抱憾终身。

03

仔细想想，为何长辈们会产生催婚的观念，其实道理很简单。

我们是两代生活背景完全不同的人，在他们年轻的时候，结婚是人生必须完成的大事，伴侣能够搭伙过日子、生儿育女就行，怎么也是一辈子。对于我们，他们的价值观是，没有爱情可以，但没有物质万万不行。而我们这一代则不同，结婚是一辈子的事情，仅仅依靠物质的婚姻是我们不能接受的。

无论如何，长辈们的催婚并无恶意，他们也只是希望我们能少吃些苦，日子过得舒心些总没有错。

像我这一类在很多人看来"眼光高"的"单身狗"们，其实我们要的很简单，只想找一个自己喜欢的、可以聊得来的、能够包容彼此的人。哪怕他没有雄厚的物质基础，没车没房也无所谓。我不想因为年纪的原因，让自己处于待嫁的状态，好像嫁不出去我这辈子就完了似的。我 26 岁了，但我仍然相信爱情，我也依然有追求爱人的权利，享受甜蜜爱情的权利。

这世上的很多事情都可以将就，但唯有婚姻这件事我永远也无法将就。将就的结果会是两个人的痛苦，甚至是两个家庭的痛苦。

为什么我们兜兜转转，一定要找到那个对的人呢？因为：

找一个合适的人，你们可以一起谈谈天，说说地，吹吹牛，下了班，买一些好看的花，一起插满整个房间；

找一个合适的人，你们可以一起炊烟，一起追剧，两人待在一个空间里，即便不说话，也能保持着默契；

找一个合适的人，你们可以养一只大狗，每天晚上牵着它在广场上散散步，看看跳舞的大妈们，想象着你们老去的样子；

找一个合适的人，你们可以包容彼此的小缺点，吵完架后也能和好如初；

找一个合适的人，你们可以一起学习，一起进步，一起旅行，一起放纵，一起将生活过成你们想要的样子。

那些还在爱情之路上追逐奔跑的我们，要相信：

没有适合结婚的年龄，只有适合结婚的感情。永远保持一颗纯真的心，对爱情充满希望，我们终将会遇见生命中的 Mr.Right。只要是你，晚一点也没关系。当你出现时，我会轻轻地对你说一句：“Hi，很高兴认识你！”

从前的日子很慢，慢到一生只够爱一个人

从前的日色变得慢
车、马、邮件都慢
一生只够爱一个人
从前的锁也好看
钥匙精美有样子
你锁了，人家就懂了

——木心《从前慢》

01

最近叶炫清的一首《从前慢》刷爆了朋友圈，还成了微博的热门话题。

《从前慢》最早是木心先生创作的一首诗歌，木心先生逝世后，这首诗歌广为流传，由刘胡铁作曲并演唱。

人们为什么会对一首老歌如此着迷？为何再度翻唱，反响会这般强烈呢？我想，可能是因为这首歌的歌词。

与现代快节奏的生活相比，歌词描绘了一幅慢生活的画面。卖豆浆的小店冒着热气，年少时，大家活得简简单单，对人诚诚恳恳，见面一句“吃了没”。从前的日子也很慢，寄出一封信，需要几天才能到达，爱一个人便是一生的时间。

你是否也在向往诗歌中的生活？每天日出而作，日落而息。吃着热气腾腾的早餐，与一人携手一生。

02

想起从前爷爷奶奶的一些故事。爷爷奶奶去世时，我年纪尚小，没有过多的记忆，但依稀记得爷爷不爱吃鱼，爱吃面食，奶奶便整日变着花样地给爷爷做各种面食，一直到老，爷爷仍不会做饭。爸爸总说，爷爷被奶奶惯坏了，但奶奶总是不以为然。

爷爷奶奶的婚姻算不上自由恋爱，说是门当户对更为贴切，他们的父亲是邻县的两个县长，家世显赫，爷爷奶奶也自然而然成为了官宦子弟婚姻的典型代表。

爷爷一生清心寡欲，不爱交际，不喜奉承，喜读诗书，也爱写写小词。奶奶是家中唯一没有念书的孩子，一辈子追随着爷爷，从老家来到这座小城，为爷爷生下 5 个孩子，爸爸排行老幺。爷爷奶奶之间也没有过多的话语，爷爷总爱在一旁做着自己的事情，奶奶则负责照料一家子的生活。他们就这样走过了 50 年的光阴，直到孩子长大成家，儿孙绕膝，爷爷依然不爱多言，但老来却脾气见长，总爱与奶奶拌几句嘴。这样的光景没几年便结束了。

爷爷去世后，奶奶便在儿女家轮流居住生活，她的记忆也渐渐变得模糊，记不清从前的事情，甚至连自己的孩子都不认识了，但仍然不时从口中说几句关于爷爷的事情。

也许，爷爷奶奶之间没有《罗马假日》中那般浪漫的爱情，可他们的爱早已融化在生活中，揉碎在奶奶为爷爷蒸的馒头里，寻不见踪迹。虽然平平淡淡，但他们的日子过得很慢，慢到一生只拥有彼此便足矣。

03

《忠犬八公的故事》这部电影我看过三次，故事内容大致为：一位大学教授每天上下班时会经过火车站，他遇见了流浪狗秋田犬小八并收养了它，教授去世后，小八在火车站前的广场日夜等待主人的归来，这一等便是 9 年。当教授的妻子回到故乡，发现小八时，拥抱着早已年迈的它痛哭流涕。

小八的世界里，只有教授。电影中，小八每日守候在广场上等待教授下班，他们会在周末一起玩耍，小八最欢乐的时光便是教授陪伴的那些年。教授的离开并未阻挡小八的思念，狗狗的寿命只有十几年，小八却将一生的爱都给予了教授，影片结尾处，等待了 9 年的小八在风中结束生命。

小八的一生也很慢，慢到心中只存有关于教授一个人的记忆。也许，在小八的世界中，依然记得教授教它怎样把扔出去的球捡回来；记得每日清晨跟在教授的身后，目送他上火车；记得最后一次看见教授的画面。

所有生命的轨迹都伴随着你的前进而前进，我们的时光很慢，慢到我想贪心地多留一些日子和你一起成长，一起经历许多的故事。

从前的日子真的过得很慢。记得小时候放暑假，总会花上几天的时间早早地把暑假作业做完，剩下的时间便可以尽情玩耍。

我的童年没有电子设备，也没有过多的娱乐节目。消磨时光最好的方式便是和小伙伴们一起玩耍，跳跳皮筋，做做手工，玩上一整日。不像现在的生活，看似充实，但实际上人们已失去了纯粹的快乐。行色匆匆，来不及感受生活一天就过去了。

所以，现在街头巷尾的很多咖啡馆和茶舍成为了人们最爱光顾的地方，在那里，人们可以寻到过去生活的那些旧时光。一杯咖啡，一本书，可以待上一整天都不会厌倦。

有些日子我们终究回不去，有些时光我们也终将迈过。那些在生命里缓缓流淌的岁月，我们都曾享受着生命里的精彩。

那些或长或短的人生轨迹里，总有值得我们怀念和留恋的人和事。

如果可以，希望日子可以慢一些，再慢一些，不仅是从前，未来亦是如此。那些旧时光里的一切，都值得去珍藏；那个喜欢了很多年的人，值得用一生去想念。

耳边再次响起《从前慢》这首歌，熟悉的歌词浮现在脑海。

让思绪有停歇的片刻，让日子变得有些滋味，遇见一人，便是一生。

你不要在乎异地恋，你在乎我就好了

01

小苏是我朋友，有一个谈了快 7 年的女朋友，可惜的是，两人没能走过七年之痒，在去年圣诞节分了手。

两人的异地恋长达 3 年。二人先前在同一座城市读大学，学校横跨城市的两端。那时候，小苏买了辆自行车，每隔两天就骑着车子，买上一车筐的零食去女友的学校看她。

从大二到大四，小苏的自行车骑坏了两辆。他说很怀念那几年的时光。随之而来的是毕业，两人去了邻省的两座城市工作，从城市的两端变成两座城市的距离。

小苏和女友约定好，一定要好好守护爱情，他们甚至为彼此立下了各种“条款”，彼此不在身边的时候，要遵守的各项约定。

起初的两年，二人每个月会见上两次，每天打电话，发微信。他们约定好，今年春节回小苏的老家订婚，年底把婚事办了。但没想到，还没等到这天，两人就分了手。

小苏对我说，异地久了，两个人心里早已有了隔阂，怎么也回不到从前了。

任何一件小事都能成为他们争吵的理由，当初的约定也没能抵挡住异地的距离。

小苏的女友喜欢上了身边的男同事，姑娘对小苏说："我要的是男朋友，而不是每天只会在微信里说晚安的语音。"

小苏不理解女友的选择，他知道自己做得太少，关心不够，但这也是为了工作，为的是想办法挣钱把她接过来，为了以后能有生活保障，她怎么就是不明白呢?

其实，分开的理由有很多种，异地只是其中的一种，而并非真正的缘由。失望了或是不爱了，才是真正的原因。

02

异地恋是情侣杀手的前三甲，很多异地恋的情侣都没能战胜距离，无论曾经有多深爱，无论选择异地时有多信任对方。

女孩是感性的，无论何种恋情，她们需要的却是关心，以及陪伴和安慰。也许男孩的一句话胜过买的礼物，也许男孩的一个拥抱大于那些甜言蜜语。

而男孩则是理性的，他们注重问题的结果，他们认为：异地是暂时的，我们终究是要在一起的，但过程我们必须要经历。

在一段异地恋中，女生往往处于丧失安全感的一方，从整天在一起到分隔两地，从两个人吃饭看电影到只能和同事聚餐，从温暖的拥抱到只能在视频里看到的脸。

这一系列变化会使得女生变得敏感而脆弱，感性而多疑。

一条微信男生没有速回，一个电话男生没有接听，此刻女生的内心世界，将要上演一幕自我纠结的大戏。

“他一定在忙，一定有重要的事情，我要理解他，这是我们约定好的。”

“不，他一个小时都没回复，再忙也能抽一分钟回一下吧，他一定不在意我，工作比我重要，同事比我重要。”

女生生病时、心情不好时，最需要的就是男友的陪伴。她寻求安慰，但却遭到男孩的冷落。

“亲爱的，你先去医院，听话，我这边有点事要忙。”

“亲爱的，我知道你不开心，你去找朋友看场电影，吃个饭，等我这个项目完成了就去看你。”

女生并非天生的“敏感体质”，而是男生的回应达不到自己的预期时才会产生情绪。她们开始变得多疑，渐渐地失去了对男友的信任。

男生面对异地恋时，则表现出更加长远和理性的态度。

他们认为：异地只是换了一种恋爱形式，我们要做的就是好好工作，努力赚钱。姑娘在等我，我要加倍努力，势必没有太多的时间像从前那般呵护体贴。女友会理解，我们会彼此信任。

我这么忙，你还给我打电话撒娇？我不是不去看你，我是实在没有时间，怎么就不理解呢？怎么就这么不懂事呢？

时间一长，双方从最初的信任到现在的猜忌，女孩失去了耐心，男孩失去了理性。爱情也势必走向尽头。

03

面对异地恋，我们始终会有一个误区，我们总会在无意间把距离的阻碍放大。

也许，我们将注意力转向另一个角度后，看到的会是另一番景象。

不要在乎“异地恋”这个词，而是要好好地在乎你爱的这个人，无论你们是否异地。

同学小陈和男友在一起的 8 年时间里，有一半时间是异地，但如今他们即将走入婚姻的殿堂。

认识他们的人常常会问，你们是如何克服异地恋的？

小陈曾经和我分享过她和男友的恋爱观。距离再远，他们也保持每个月见两次面，除非特殊情况。他们攒下了几百张火车票的票根，见证了他们的爱情。每晚固定时间打电话，说说彼此一天的安排，并非例行公事，而是彼此的一种爱情调味剂。

遇到困难，第一时间打电话告诉对方，如果暂时接听不了，得空会迅速回复。他们从不解释原因，因为足够信任。他们会为对方制造惊喜，比如一场两天两夜的旅行，比如对方生日当天突然出现在对方的城市。

异地恋最可怕的不是距离，而是两个人把空间的距离变成了心里的距离。

心越来越远，越来越无法了解彼此的内心世界，最终产生距离，渐行渐远。

04

我们不要在乎异地恋，在乎爱的那个人就够了。

再忙也不要忘记打个电话，再累也别忘记给彼此的安慰，再艰难也别忘记彼此的约定。

真正的爱，会跨越距离和时间。

你眼里只有对方，那便只想一心一意地为对方好。如果爱，那就努力在一起，想方设法去到对方的城市，你总要放弃一些东西来成全这段爱情，如果不舍，那就放手。

就如张皓宸所说：“相遇是春风十里，原来是你；相爱是山长水阔，最后是你。”

把你爱的人当作最重要的事业放在心间，异地恋，也许并没有那么可怕。

外面风大，总有人在等你回家

01

记得，曾和一位朋友聊到了过年相亲的话题。

姑娘 1990 年出生，在她的老家，这个年纪的姑娘，孩子真的可以去打酱油了，而她还不紧不慢的。

姑娘说："我真的不想回家过年，害怕我爸妈唠叨，也害怕家里的亲戚问我一堆问题，又要给我介绍对象。想想都烦，我宁愿一个人在杭州和朋友过年，也不想回家'受罪'。"

姑娘在杭州的一家证券公司工作，平时工作很忙，一年回家的次数不超过两次，每次都是来去匆匆，就是为了躲开父母的唠叨。

家对于她来说，没有多少温暖，反而会令她惶恐。

前几天刷微博时，一个关于家的动画短片让我记忆深刻。

故事的背景是一对中年夫妇，在接到女儿回家的电话后，开始准备女儿回来所需要的一切。打扫卫生、买菜、换上干净的床单，做了一桌女儿喜欢的饭菜，全心全意地等待女儿的到来。

天色越来越晚，饭菜热了又热，他们却始终没能等来女儿的身影。

影片的最后，女儿掏出钥匙，打开了房门，手牵着一个小姑娘。小姑娘是女儿自己的女儿，画面定格在了坐在餐桌旁的父母身上。只不过，他们不再是短片最初的那对中年夫妇，而是头发花白、步履蹒跚的老夫老妻。

家，其实就是父母的唠叨，是冒着热气的饭菜，是围坐在一起的家长里短。不要害怕回家，也不要太晚回家，因为有人在等我们。

别让他们等得太久。

02

那次，参加了一场大学同学的婚礼，坐上前往同学家的公交车后，我捧着本书昏昏欲睡。

我正犯困的时候，身旁坐下了一位男生。我抬头看了一眼，他年纪不大，提着个行李箱，头发很短，戴着黑色的口罩。看样子应该是个大学生，放寒假回家过年。

男孩接了一个电话。

“妈，我快到家了，上公交车了，你们别等我了，我回去得晚。

“你别做那么多吃的，我吃不了很多。”

为了打发时间，我们俩聊了起来。

聊天中我才知道，男孩早已毕业，目前在北京工作，是位杂志社的编辑，公司为外地的员工提前放了假，让他们回家过年。

男孩告诉我，他家是怀远农村的，弟弟前年去了部队，自己去年毕业后去了北京，因为成绩优异，直接被校招到现在的公司工作。

北京的生活并不如想象的那般如意，他和两个校友合租了一套房子，房子位于大兴区，是 20 世纪 80 年代的老房子，经常漏水，每天上下班要两个多小时。

公司经常外出采访，加班是常事，约见好的访谈也时常改期，写稿被毙，吃饭不规律更是家常便饭。

男孩最盼望的就是过年回家，很多人说，对过年没有什么感觉了，但他就是喜欢，因为一见到爸妈，他就觉得这一年所有的辛苦都值了。

他说，妈妈今天早早地就准备了晚上的饭菜，有他最喜欢吃的清蒸鲈鱼，说着说着，男孩摘下眼镜，揉了揉眼睛。是的，他哭了。

在外漂泊的你，有多少个夜晚会梦见家乡，听见熟悉的乡音会格外亲切。

在外漂泊的你，有多少次想回到家里，吃上一碗妈妈煮的饺子。

在外漂泊的你，把多少泪水都留给了自己，为了生活而奋斗。

03

无论我们身处何地，永远有个温暖的地方，为我们点上一盏灯，煮上一壶茶，做上一顿可口的饭菜，那个地方叫作家。

考专升本的那年暑假，我和几位同学一起住在安师大的宿舍里。那年的夏天很热，我早上 5：30 起床，打水、吃饭，抱着书去教室排队。

一天 9 个小时的课程，中午累了就趴在桌子上睡会儿，晚上回到宿舍已经快 10：00 了，洗完澡接着看书。

不是不困，是太热。宿舍的风扇都很小，更不会有空调。时常睡着睡着就会被热醒，起来洗把脸，坐在床下拿着扇子扇扇，等身子凉透了再继续睡。

一个暑假，瘦了快10斤，但自认为已经长大的自己，从没有和家人说过这些事，怕他们担心，也怕他们觉得我太矫情，吃不了苦。

当我下了火车，看见他们在出口等我时，还是没出息地哭了。

无论我们在外如何，总有人在家中牵挂着我们，无论我们哭过多少次，吃过多少苦，看到他们，永远会倍感温暖。

因为我们知道，那个地方没有风浪，没有波澜。回到家里，我们可以放纵、可以任性，可以做回孩子在他们的怀里撒娇，心是静的，更是温暖的。

04

在《摔跤吧，爸爸》中，吉塔遭遇了职业生涯的挫败，与冠军失之交臂。在她被教练训斥后选择堕落时，是父亲花了所有的家当，来到国家队训练营旁租了一间房子，帮助女儿偷偷训练。

在外漂泊的我们，每天挤着地铁，吃着二次加工的便当，有时会被老板骂，有时会被房东催着交房租。穿梭于偌大的城市中，为了梦想，为了生存，我们学会了坚强，也学会了适应。

因为我们知道，那是必须承受的，也是必须面临的。

有多少次想拨通电话，哪怕只听听父母的声音也觉得是种莫大的安慰。

我们以为的长大，是为他们撑起一片天，但我们都忘记了，家一直都是立在我们背后的港湾，父母无论怎样都会毫无保留地为我们遮风避雨。

即便外面的风再大，也总有人在等我们回家。

世界没你想得那么糟，总有人在偷偷地爱着你

这世界没你想象得那么美好，但也没有那么糟糕。

因为，总有人在偷偷地爱着你。

01

“999 感冒灵”的一则年度暖心广告视频刷爆了朋友圈。

视频中的故事，真真切切地发生在我们身边：那个因超载被排挤在电梯外的外卖小哥，那种被人忽视的孤独感；姑娘想买份报纸，却被卖报的大爷一口拒绝时，那种身为女性的无力感；势单力薄的小贩撞到了豪车时，那种卑微的怯懦感；醉酒女在街上被人偷拍时，那种惊慌的恐惧感。这一切我们仿佛都能感同身受。

这世界仿佛处处都充满了冷漠，我们作为渺小的个体，经常会感觉到孤单和无助。

这种感觉并非矫情，而是这个有些残酷的社会带给我们的真实体会。

小时候，我生了一场病，走路姿势变得很不好看。医生说，你如果不做手术，就不会改善。

手术前的 24 年里，我是踮起脚尖看世界的。我总是习惯性地抬

起右腿，为了保持平衡，我学会了用这种方式走路。

24年里，我曾鼓足勇气向喜欢的男生告白，但却被拒绝了。他说，如果你的腿是健康的就好了。你是个好姑娘，只是没有好身体。

24年里，我曾应聘过自己向往的工作，当面试官看到我的身体后，我没有通过复试，他们的理由是，你的腿会影响正常的工作，不能跑跳，走姿也不好。我们需要一个健康的员工。你能力不错，只是没有一个好身体。

24年里，我被人说过是瘸子，也被小伙伴嘲笑过，走在街上被很多人注视过。

因为病，我觉得自己被这个世界无情地抛弃了，我甚至连选择一份工作、一段爱情的资格都被剥夺了。

有时候，我真的痛恨这个世界，为什么这样的磨难会降临在我的身上？

我怀疑过自己，也否定过自己。那时，我一定是那个卑微到尘埃里的人，没有人会注意我，也没有几个人会在乎我。

这世界并没有我想象得那么美好和友善。

大学毕业后，我和大学同学聊过关于毕业后的生活。

朋友自己创业，回到自己的家乡开了一间小门店。她回想起创业的初期，当时没有人支持她，也没有人帮她。

她每天抱着产品挨家挨户地推荐，经常吃闭门羹，甚至被人骂过，泼过脏水。没钱投广告，她就拜托自己的好朋友帮忙宣传，但朋友都觉得麻烦，拒绝了她。

装修门店，因为不懂行情，被坑了很多钱，自己多年的积蓄也付诸东流了。

朋友说，当时我想放弃了，我累了，真的累了。

02

这世界有时真的很残酷，让你分分钟想放弃，也时常让你觉得世态炎凉。

正如电影《最爱》中的商琴琴和赵得意一样，因为艾滋病被爱人抛弃，被周围人嫌弃，两个苦命人这才走到了一起。

但这世界真的悲凉到如此地步了吗？

商琴琴和赵得意喜结连理，赵得意问商琴琴："你觉得自己脏吗？"商琴琴说："俺只是为了一瓶洗发水，去卖血得了这病。俺不脏，俺也不觉得苦，俺还有你嘞。"

商琴琴和赵得意看似苦命，但他们也因此能够在一起，他们给了彼此温暖。从此，商琴琴不再是一个人，她有了这个世上最爱她的男人——赵得意。

商琴琴结结巴巴地读着结婚证上的话，她一字一句地念给赵得意听。那一刻，商琴琴是幸福的，她不是艾滋病患者，她和所有新婚的女孩一样，是最幸福的女人。

03

这个世界没有我们想象得那么美好，但也没有那么糟糕。

广告视频中的外卖小哥被挤出电梯时，一个男孩退出电梯，让给了他位置，并留给他一个温暖的微笑。

被大爷拒绝的小姑娘有些落寞地离开了报亭，其实大爷是看到她身边的小偷，用了这种方式帮她脱险。

惊慌的小贩不知所措地站在原地，不知该如何赔偿这高昂的费用。被撞的车主却掏出一根棍子，在小贩的车上敲了一下，说了句“这样扯平了”。他没有为难小贩，也没有让他赔偿。

醉酒女孩以为的偷拍，不过是好心人拍下她所在的位置后报了警，好心人用这种方式保护着姑娘的安全。

我看到的世界除了拒绝和嘲笑外，还有阳光。

我没有收获自己喜欢的男孩的青睐，但我却拥有了一份美好的初恋，他不在意我的病，他保护我，照顾我。

我没有得到自己心仪的工作，但却也找到了一件自己热爱的事情。写作在这条路上，有很多人陪我一起走，他们会鼓励我、支持我。

我是幸运的，因为这世上，总有人在偷偷地爱着我、想着我。

在我手术的那天，曾经的一个朋友这样对我说：“别怕，你不是一个人。”

我知道，我并不是一个人，也并不孤独。

大学同学在经历创业初期的坎坷后，得到了家人的支持，在创业期间还遇见了自己的爱情。老公无条件地支持着她做自己喜欢的事情。

生活确实没那么美好，但它也绝不会有那么糟糕。因为总会出现这样一个人，在你看不到的地方，在你不知道的时候，不离不弃地陪着你、爱着你。

04

我们都不是孤身一人来到这个世界上，我们会遭遇逆境，也需要忍受失败与窘境。

也许，你曾在无数个深夜里独自哭泣；也许，你怀疑过自己也痛恨过生活。甚至有那么一瞬间，你想过放弃。

亲爱的你，这世界有时候也是公平的，命运让你多痛苦，也会对你多温柔。它会让你错过所爱，也会让你体会被爱的滋味。它会让你失去信心，也会让你欣赏到风雨后彩虹的美好。

即便这个世上没有人爱你，你也要自爱。

我想，即使我不能把举目无亲的城市认作故土，也至少应该把租赁来的出租屋当成家。生活再匆忙、工作再辛苦，一天也要挤出点时间来，不慌不忙地做顿饭，生活中也许有许多不如意，但我可以做一顿美味的饭菜犒劳自己。

你要知道，有些温暖就在你的身旁，只是你还没有注意到。

没有实现不了的美好，更没有到不了的远方。

总有那么一个人，在偷偷地爱着你。所以，不要害怕，也不必惊慌，这世界没你想象得那么糟。

优质的爱情，往往都势均力敌

01

记得，霸占微博热搜的有过这样一条新闻：

杭州一小伙在经历两轮失败的相亲后，在网上吐槽感叹，说现如今相亲一言不合就成空气。不过他也因姑娘的学历问题纠结了一周：自己是知名高校毕业，而相亲女孩家庭不错，但学历不高是个专科……等到终于说服自己学历不重要，过日子才重要后，再约那个女生时，对方就不回消息了。

看到这个消息时，我不禁震惊了。

这年头，相亲都是高智商的较量了。

还记得电视剧《最好的我们》中，耿耿毕业10年后回到家乡创业。继母为她介绍过一个相亲对象。

男方是个暴发户，但却对学历有一定要求，耿耿说自己是本科毕业，回乡开了一家摄影工作室。

对方是个有些五大三粗的男人，听到耿耿的学历后，他摇了摇头，说了一句："你这个学历，有些低啊，不准备再考个研究生什么的吗？"

耿耿听罢，无奈地摇摇头，她感慨自己这样的条件居然会被人嫌弃。

你也不看看自己什么水平，还挑剔我学历低！

学历不仅成为了求职的门槛，更是成为了择偶的标准。

找对象不仅要门当户对，而且还要学历相当。

02

曾看到一个街头采访，地点在上海人民公园的“相亲角”。记者佯装替朋友找对象的人，融进了“相亲角”中。

这个号称全国最大的“相亲超市”，果然名不虚传。

那场景犹如菜市场，讨价还价，货比三家。

聚集在那里的人群，大多是父母辈的中年人，他们手里拿着一个牌子，上面印着自己孩子的照片和基本信息。

记者来到一对父母面前，对方是男孩，牌子上写着这样一段话：某某某，88 年生，博士毕业，某银行金融经理，欲寻求一位硕士以上，年龄相当的女孩，品貌端正，家风良好……

列举的条件不多，但是有一条——学历相当——引起了记者的注意。

记者走上前，询问了相亲男孩的父母：“阿姨，我看您家儿子条件不错，我想替我朋友问问情况。”

男孩的母亲抬起头，说了句：“简单介绍下吧。”

记者虚拟了一段背景：“我朋友本科毕业，今年 27 岁，是名护士，做得一手好菜，长相也算清丽，这是照片，您看看。”

男孩的母亲撇了撇嘴，说道：“嗯，长得挺乖巧，但我儿子是博士，和她学历上有些差距，而且也不是重点大学毕业的，以后有了孩子，教育观念不一定能吻合。”

记者看了一圈，求偶方大部分都是高学历者，虽没有硬性要求对方必须是高学历，但都表示“最好不要差太多”。

回到微博热搜中，女方家境优越，但学历只有专科，男孩是名校出身，学历的差距，让男孩望而却步。这样的情况不只是生活中的个例，而是普遍现象。

学历不合，会造成三观不合，日后的生活方式和对孩子的教育方式可能也不合，这已经成为一条重要的择偶标准。

择偶要求学历相当不是一种攀龙附凤，而是一种社会现实。

03

在当前的社会中，存在这样两种婚恋现象。

一种是双方学历都很高。留学生的另一半几乎也都是留学生，二人一起上学，一起去世界各地旅行，毕业后纷纷进入大型企业就职。孩子一出生，便含着金钥匙，享受双语教育，从小接触的是各国的文化艺术。

另一种是学历普通，另一半甚至学历很低。普通大学的同学在面临就业时，找不到称心如意的工作，没有高收入，买不起房，买不起车，择偶的标准自然就会越来越低。婚后整日为孩子的奶粉费、辅导费奔波。

社会在进步的同时，人们的三观也发生着巨大的转变。

找对象，早已不再是一件情投意合、两厢情愿就可以的事情了，越来越多的附加条件成为了“硬标准”。

比如，对方是否有房有存款，这决定了日后的生活质量。

比如，对方的家庭是否高知有文化，这决定了日后的生活观念。

而学历势必成为了衡量个人内涵的重要标准。

我想起了我的一位远方亲戚，那位大伯当年是机械工程专业毕业的本科生。在 20 世纪 60 年代，这个学历绝对算是高知，毕业后，经人介绍，他认识了他的妻子。

大妈是当时会计学校的学生，学历只有中专，但二人结婚 50 载，培养出两位出色的孩子，学历的差距并未影响他们婚姻的质量。

上次见面，我和大妈聊到了这个话题，大妈说："我并没有因为自己学历低，就在这场婚姻中而自卑。我虽然做会计，但我并没有满足，我 50 多岁的时候，考了注册会计师。你大伯是大学生，但我也不差，是吧？他经常鼓励我多学习，多充实自己。"

用学历来作为是否合适的标准，未免有些牵强。但处在婚姻中的两个人，如果某一方不断学习，不断充实自己，而另一方原地踏步，那么这段婚姻的长久性便会出现问题。

良性的婚姻，不一定要学历相当、知识储备相当。但好的婚姻，一定是势均力敌、共同成长的。

永远不要当那个养尊处优的人，也不要因为婚姻而脱离了学习，没有人喜欢一直待在原地打圈的人。

希望你因爱情而走入婚姻的殿堂，在婚姻中学会爱，也学会更好地经营爱。

后记

我在遥远的徽州敲下这些文字，简简单单，但每一句都是我想对你们说的。

我是个很普通的女生，人生没有大起大落，亦没有轰轰烈烈，你们有过的青春我也曾经历过。

过往的 20 多年，我随波逐流过，也拼尽全力过。曾经在下雨的夜晚和男生告过白；在扬州的街头和路人合过影；在自己的房间里闷头写过歌。我也和你们一样，为高考失利痛哭过、为分手和被拒喝醉过，这些平淡而琐碎的日子便组成了我的过去。

没有热烈，也没有永恒。

这就是我，一个普通女生在 26 岁这年，用一种特殊的形式将这些平淡的过往记录在一起。

小时候，我幻想过很多次自己长大后的模样。我一直觉得，大学毕业后的我，会在 25 岁结婚，会在 30 岁成为母亲并从事着自己喜欢的工作，有一个美满的家庭……

但时至今日，设想中的很多东西都未实现，我依然在为柴米油盐去忙碌，在为了自己的生活去努力。不过，看似普通的我，却活出了自己的小确幸。

我很庆幸，你们能透过文字看到生活中不一样的我，那个走过孤独、走过颓丧、走过低谷的我。那个勇敢爱、勇敢活、勇敢闯的我。还有那个 26 岁，依旧活得像个孩子的我。

我也很荣幸，在即将跨过“三十大关”的年纪可以寻到自己所爱的写作，并和一群喜欢我的人一起分享。这是怎样的缘分才会得到的相逢啊。这些文字记录下的，是我与你的一次对话，更是我与自己的一次对话，帮助我更了解自己的内心和对未来的看法。

这些年，我的生活也发生了很多改变。从毕业到工作，我找到了现阶段的归属感，但我依旧是那个想要活得快乐和简单的羊达令，无论年龄、身份如何变化，我都希望自己可以保持有趣的灵魂，拥有披荆斩棘的勇气，同生活去搏一搏。

感谢每一个读完此书的你，也许我们不知彼此的姓名，不知彼此的生活，但因为这样一个契机，让我们相遇在了这里。

最好的相遇总是不期而遇，最好的你们就在身边，最爱的生活就在眼前。

写到这里，我的故事将告一段落，但正如开篇所言一样，每一个终点都是新的起点。希望我们的未来都在这一刻翻开一页崭新的篇章。

我是达令，余生很长，请多指教。